U0240776

卓越农林人才培养实验实训实习教材

动物繁殖学实验与实习

主　审

石德顺　　　　（广西大学）

杨利国　　　　（华中农业大学）

主　编

伏彭辉　　　　（西南大学）

韩燕国　　　　（西南大学）

曾　艳　　　　（西南大学）

副主编

梁爱心　　　　（华中农业大学）

邓彦飞　　　　（广西大学）

陆阳清　　　　（广西大学）

许惠艳　　　　（广西大学）

杨素芳　　　　（广西大学）

编　者

龙　翔　　　　（西南大学）

周　沛　　　　（西南大学）

徐恢仲　　　　（西南大学）

孙雅望　　　　（西南大学）

西南师范大学出版社
国家一级出版社　全国百佳图书出版单位

图书在版编目（CIP）数据

动物繁殖学实验与实习/伏彭辉，韩燕国，曾艳主
编．— 重庆：西南师范大学出版社，2020.7
卓越农林人才培养实验实训实习教材
ISBN 978-7-5697-0279-8

Ⅰ.①动… Ⅱ.①伏… ②韩… ③曾… Ⅲ.①动物 –
繁殖 – 实验 – 高等学校 – 教学参考资料 Ⅳ.①S814-33

中国版本图书馆CIP数据核字(2020)第093809号

动物繁殖学实验与实习

主编 伏彭辉 韩燕国 曾 艳

责任编辑：杜珍辉
责任校对：魏烨昕
装帧设计：观止堂_朱 璇
排 版：瞿勤
出版发行：西南师范大学出版社
印 刷：重庆新生代彩印技术有限公司
幅面尺寸：195 mm×255 mm
印 张：12
字 数：270千字
版 次：2020年7月 第1版
印 次：2020年7月 第1次印刷
书 号：ISBN 978-7-5697-0279-8

定 价：35.00元

总序

TOTAL PREFACE

2014年9月，教育部、农业部（现农业农村部）、国家林业局（现国家林业和草原局）批准西南大学动物科学专业、动物医学专业、动物药学专业本科人才培养为国家第一批卓越农林人才教育培养计划专业。学校与其他卓越农林人才培养高校广泛开展合作，积极探索卓越农林人才培养的模式、实训实践等教育教学改革，加强国家卓越农林人才培养校内实践基地建设，不断探索校企、校地协调育人机制的建立，开展全国专业实践技能大赛等，在卓越农业人才培养方面取得了巨大的成绩。西南大学水产养殖学专业、水族科学与技术专业同步与国家卓越农林人才教育培养计划专业开展了人才培养模式改革等教育教学探索与实践。2018年10月，教育部、农业农村部、国家林业和草原局发布的《关于加强农科教结合实施卓越农林人才教育培养计划2.0的意见》（简称《意见2.0》）明确提出，经过5年的努力，全面建立多层次、多类型、多样化的中国特色高等农林教育人才培养体系，提出了农林人才培养要开发优质课程资源，注重体现学科交叉融合、体现现代生物科技课程建设新要求，及时用农林业发展的新理论、新知识、新技术更新教学内容。

为适应新时代卓越农林人才教育培养的教学需求，促进"新农科"建设和"双万计划"顺利推进，进一步强化本科理论知识与实践技能培养，西南大学联合相关高校，在总结卓越农林人才培养改革与实践的经验基础之上，结合教育部《普通高等学校本科专业类教学质量国家标准》以及教育部、财政部、国家发展改革委《关于高等学校加快"双一流"建设的指导意见》等文件精神，决定推出一套"卓越农林人才培养实验实训实习教材"。本套教材包含动物科学、动物医学、动物药学、中兽医学、水产养殖学、水族科学与技术等本科专业的学科基础课程、专业发展课程和实践等教学环节的实验实训实习内容，适合作为动物科学、动物医学和水产养殖学及相关专业的教学用书，也可作为教学辅助材料。

本套教材面向全国各类高校的畜牧、兽医、水产及相关专业的实践教学环节，具有较广泛的适用性。归纳起来，这套教材有以下特点：

1. 准确定位，面向卓越 本套教材的深度与广度力求符合动物科学、动物医学和水产养殖学及相关专业国家人才培养标准的要求和卓越农林人才培养的需要，紧扣教学活动与知识结构，对人才培养体系、课程体系进行充分调研与论证，及时用现代农林业发展的新理论、新知识、新技术更新教学内容以培养卓越农林人才。

2. 夯实基础，切合实际 本套教材遵循卓越农林人才培养的理念和要求，注重夯实基础理论、基本知识、基本思维、基本技能；科学规划、优化学科品类，力求考虑学科的差异与融合，注重各学科间的有机衔接，切合教学实际。

3. 创新形式，案例引导 本套教材引入案例教学，以提高学生的学习兴趣和教学效果；与创新创业、行业生产实际紧密结合，增强学生运用所学知识与技能的能力，适应农业创新发展的特点。

4. 注重实践，衔接实训 本套教材注意厘清教学各环节，循序渐进，注重指导学生开展现场实训。

"授人以鱼，不如授人以渔。"本套教材尽可能地介绍各个实验（实训、实习）的目的要求、原理和背景、操作关键点、结果误差来源、生产实践应用范围等，通过对知识的迁移延伸、操作方法比较、案例分析等，培养学生的创新意识与探索精神。本套教材是目前国内出版的第一套落实《意见2.0》的实验实训实习教材，以期能对我国农林的人才培养和行业发展起到一定的借鉴引领作用。

以上是我们编写这套教材的初衷和理念，把它们写在这里，主要是为了自勉，并不表明这些我们已经全部做好了、做到位了。我们更希望使用这套教材的师生和其他读者多提宝贵意见，使教材得以不断完善。

本套教材的出版，也凝聚了西南大学和西南师范大学出版社相关领导的大量心血和支持，在此向他们表示衷心的感谢！

总编委会

2019 年 6 月

前
PREFACE 言

　　随着现代畜牧业、人工智能、大数据、生物技术和生物信息学等的发展,动物繁殖学在畜牧业中的地位愈加重要。为贯彻实施国家"卓越农林人才教育培养计划2.0"和适应新时代下中国大学MOOC(慕课)、案例教学和翻转课堂等多种教学模式蓬勃发展的需要,由西南大学联合广西大学、华中农业大学,组织长期从事动物繁殖学教学和研究工作的一线青年教师和专家编写了《动物繁殖学实验与实习》教材,本教材属于西南大学"卓越农林人才培养实验实训系列教材"。

　　本教材在内容编排上,兼顾了实验和实习教学两部分内容。综合课程特色和各院校实际情况,编写了9个基础性实验和8个综合性实习内容。本教材采用案例引导的方式进行编写,为案例教学模式在动物繁殖学课程中的应用奠定了基础,同时本教材编写过程中参考了大量国内外最新相关书籍、文献和图片,保证了本教材的先进性。在实际使用本教材时,各个院校可根据自己的教学大纲、教学条件和教学特色等进行合理的选择和精简。同时本教材也可作为科研单位、畜牧企业以及畜牧工作者的参考用书。

　　在教材编写过程中,广西大学石德顺研究员、华中农业大学杨利国教授对全书内容进行了审定,同时还得到中国农业大学、南京农业大学、西北农林科技大学、四川农业大学、华南农业大学等兄弟院校有关老师的大力支持和帮助,在此向他们表示衷心感谢!

　　由于编者水平有限,本教材难免有不足之处,恳请专家和读者赐教指正。

CONTENTS

第一部分
概述

第二部分
基础性实验

第三部分
综合性实习

第一部分

概　述

动物繁殖学是畜牧学一级学科的重要组成部分,是现代畜牧业研究中最活跃的学科之一。该课程是动物科学专业的一门重要的必修专业基础课,由繁殖理论、繁殖技术、繁殖管理和繁殖障碍及其防治四部分组成。该门课程涉及动物种业工程(精液和胚胎)、兽药(动物生殖激素)、电子及机械设备(繁殖调控及监控)等产业,具有很强的理论与实践结合性。

动物繁殖学课程实验实习是动物科学专业的主要实践环节,涉及动物生殖系统、性发育和性行为、精子发生、卵泡发育和排卵、受精、胚胎发育、妊娠和繁殖管理等基本知识、原理及技术,包括基础性实验和综合性实习两部分。

一、基础性实验

基础性实验是本门课程的重要内容,只有掌握了基本的操作技能,才能更好地完成各种复杂的试验任务。这些基本技术包括动物生殖系统的认识、生殖激素的生物学测定、生殖激素的免疫学测定、人工授精器材的识别与假阴道的安装、雌性大动物生殖器官的直肠检查、动物的发情鉴定技术、动物精液品质的评定、冷冻精液的制作和动物的妊娠诊断技术共9部分内容。

1.动物生殖系统的认识

动物生殖系统由性腺和生殖道组成,性腺包括睾丸和卵巢,生殖道主要包括附睾、输精管、副性腺、阴茎、输卵管、子宫、阴道。性腺的生理机能涉及精子发生、卵泡发育、卵子发生、生殖激素分泌,生殖道的生理机能涉及运输生殖细胞、激素及其他作用。可通过深入认识不同动物生殖系统的组成与构造,了解其各自的繁殖活动特点,进一步理解相关繁殖技术的原理。

2.生殖激素的生物学测定

生物学测定常用于孕马血清促性腺激素(PMSG)或促卵泡素(FSH)等激素的检测。PMSG从妊娠母马血清中分离纯化而来,是由妊娠早期母马子宫内膜杯状结构的滋养层所分泌的糖蛋白激素,具有FSH和促黄体素(LH)的活性。FSH也称为卵泡刺激素,是由垂体嗜碱性细胞合成和分泌的糖蛋白。PMSG和FSH能够有效促进雌性动物卵泡发育并分泌雌激素,在雌激素作用下,进一步促进卵泡发育、成熟,并促进子宫、卵巢及其他生殖器官发育。因此,用PMSG或FSH处理性未成熟小鼠后,可以通过性未成熟小鼠子宫的增大程度来判定激素的生物活性。

3.生殖激素的免疫学测定

主要包括酶联免疫吸附检测(ELISA)和放射免疫测定(RIA)两种方法。ELISA的原理是将抗原(或抗体)固相化(进行包被),与酶标记的相应抗体(或抗原)结合,然后加入该酶作用的底物,底物被酶催化成有色的产物,产物量与标本中受检样品的量直接相关,据此进行定性或定量分析,主要包括直接 ELISA、间接 ELISA、双抗夹心 ELISA 和竞争 ELISA。RIA 的原理与竞争性 ELISA 基本相同,区别在于 RIA 采用放射性同位素(如 ^{125}I、^{131}I、^{3}H 和 ^{14}C)标记抗原或抗体,通过活性炭吸附、二抗沉淀、离心等方法将结合的和游离的标记物进行分离。

4.人工授精器材的识别与假阴道的安装

人工授精技术是最常见最实用的动物繁殖技术,主要包括了人工采精、精液品质检查、精液稀释、精液保存、动物发情鉴定、人工输精等步骤。随着现代技术和科学研究的发展,人工授精技术中使用的器材也在不断推陈出新。要顺利地完成人工授精工作,就必须首先了解和掌握各种器材的主要构造、材质和使用方法。假阴道采精法能收集到动物全部射出的精液,既不降低精液的品质,又不影响雄性动物的生殖器官和性机能,应用较为广泛。假阴道是模拟雌性阴道条件而仿制的人工阴道。

5.雌性大动物生殖器官的直肠检查

动物直肠与生殖道相邻,将手伸入直肠,通过直肠壁可感受子宫颈、子宫角、卵巢等的变化,从而了解母畜的繁殖状态。牛、马、驴等大动物的直肠相比于羊、猪和家禽等的较粗,人的手触摸直肠几乎不会对其造成损伤。因此,常用此方法来进行大动物发情鉴定、妊娠诊断、直肠把握子宫颈输精、生殖疾病监测、非手术法采胚和移胚等。

6.动物的发情鉴定技术

动物正常的发情常引起外部行为、生殖道和卵巢的变化。卵巢的变化是动物发情排卵的本质体现。通过以上三方面进行发情鉴定,从可观察到的表观现象,进一步掌握动物卵巢上卵泡发育与排卵行为的变化进程,从而对配种生产工作提供有效的支持。

7.动物精液品质的评定

精液品质评定的目的在于鉴定精液品质的优劣,以便确定雄性动物的生育能力,同时也检查了公畜生殖器官的机能状态和对公畜的饲养水平,是反映技术操作质量,检验精液稀释、保存和运输效果的依据。目前,动物精液品质主要从两个方面来评定:外观检查和常规实验室三大项目(活力、密度和畸形率)检查。准确评定精液品质,是提高家畜人工授精成功率和受孕率的重要前提之一。

8.冷冻精液的制作

精液冷冻保存是利用液氮(-196℃)、干冰(-79℃)或其他制冷设备作为冷源,将精液进行特殊处理后,保存在超低温下。精子在低温下,细胞运动变慢,细胞代谢机能逐渐减弱,处于休眠状态,一旦升温又能复苏而不丧失授精能力。在精子的冷冻过程中,高浓度的冷冻保护剂在超低温环境下凝固,形成不规则的玻璃化样固体,保持了液态时正常的分子和离子分布,避免了因冰晶形成对精子造成物理性损伤,从而对精子起到保护作用。

9.动物的妊娠诊断技术

动物妊娠后,生殖系统、新陈代谢、生殖激素以及行为表现均会发生一系列变化,并且这些变化在不同动物和不同妊娠阶段具有不同的特点。总的来说,妊娠母畜的周期发情会停止,食欲逐渐增加,膘情改善,毛色变得有光泽,性情温顺,行动变得谨慎安稳,较喜好寻觅安静处单独行动,卵巢上的周期黄体转化为妊娠黄体,分泌激素功能加强,子宫内膜增生,血管增加,子宫腺体增长,分泌功能加强。妊娠诊断就是通过观察配种后的母畜所表现出来的各种变化来判断其是否妊娠。

二、综合性实习

综合性实习是利用各种基本繁殖技术,针对动物生产中各种复杂并且重要的繁殖活动及其问题而设计的综合性训练。综合性实习包括猪的人工授精技术、牛的人工授精技术、羊的人工授精技术、鸡的人工授精技术、动物助产及新生仔畜的护理、母兔超数排卵及胚胎操作基本技术、动物体外受精技术、动物繁殖力统计共8部分内容。

1.动物(猪、牛、羊和鸡)人工授精技术

人工授精是以人工的方法采集雄性动物的原精液,经检验、稀释、分装等过程,制备成一种可用于输精的精液制品,然后将这种精液制品在雌性动物发情期输入到雌性动物生殖道的特定部位,以代替雌、雄动物自然交配而繁殖后代的一种技术。动物的人工授精技术一般包括以下基本技术流程:人工采精→精液品质检查→精液稀释→精液保存与运输→母畜(禽)发情鉴定→人工输精。

2.动物助产及新生仔畜的护理

胎儿在母体子宫内发育成熟,便会启动母体分娩系统而被母体排出体外。分娩活动是一个复杂的过程,对母体来说,需要消耗大量的体力,将胎儿通过产道排出体外,身体承受巨大的变化;对胎儿来说,需要发出发育成熟的信号给母体,并承受通过产道的压力,需要面临生存环境的突然改变。生产中需要特别做好对母畜的分娩助产,保证母畜的繁殖能力,保证新生仔畜的平安存活。同时,做好新生仔畜的护理工作,提高其存活率。

3.母兔超数排卵及胚胎操作基本技术

雌性动物在发情前,具有优势的卵泡会加速生长,能够吸收利用绝大部分的促性腺

激素而使其他有腔卵泡发生闭锁或退化。在自然状态下，雌性动物卵巢上约有99%的有腔卵泡会发生闭锁或退化，只有1%的卵泡能发育成熟并排卵。采用外源促性腺激素对动物进行处理，可使动物体内即将发生闭锁的有腔卵泡继续发育并排卵。胚胎移植是将遗传品质优良的母畜进行超数排卵处理，发情后配种或人工授精，将其早期胚胎（体内产生的胚胎为3~8 d的胚胎）取出，或者是由体外受精及其他方式获得的早期胚胎（体外生产的胚胎，一般为桑葚胚或囊胚），经过检查处理，移植到生理状态相同的同属同种或同属不同种的母畜生殖道内，使胚胎继续发育直至母畜产仔的技术。

4.动物体外受精技术

动物体外受精技术是胚胎生物技术的基础，主要包括动物卵母细胞的体外成熟、体外受精和受精卵的体外培养。首先，从屠宰场获取动物卵巢，将卵泡中的卵母细胞在体外成熟体系中给予生殖激素和生长因子的支持，促进卵子完成成熟分裂。其次，将高活力精子和成熟的卵子共孵育，在体外完成精卵结合，形成合子。最后，将合子移入体外合适的共培养体系中促进其分裂，一分为二，二分为四，逐渐形成桑葚胚、囊胚。

5.动物繁殖力统计

动物繁殖由雌雄两性决定。雄性动物出生后生殖细胞可以不断再生，而雌性动物在出生时原始卵泡的数量已经固定，之后逐渐减少。动物繁殖力的高低在一定程度上取决于雌性动物繁殖效率或利用年限，同时动物繁殖能力还与年龄、胎次、繁殖新技术应用、饲养管理水平、疾病、气候等因素有关。

学生通过本教材实习内容的学习，可以加深对动物繁殖理论和繁殖规律的认识，能够综合运用现代繁殖技术对动物的繁殖过程进行科学的调控，以进一步提高动物的繁殖效率，并解决动物产业中遇到的繁殖管理和繁殖障碍问题。同时学生通过本课程的学习，可提高实际操作能力、实验实习报告撰写能力，养成实事求是、科学严谨的工作态度和具有吃苦耐劳、探索进取、团结协作的专业素养，为将来走上工作岗位，深入生产实践奠定基础。

第二部分

基础性实验

动物生殖系统的认识

【案例及问题】

案例:

在人工采精时,猪和马采集的精液量分别是150~200 mL和60~100 mL,而牛(5~8 mL)、羊(0.8~1.2 mL)、犬(2~15 mL)和兔(0.4~2.0 mL)的采精量远远低于猪和马。大多数动物的排卵可以发生在卵巢上的任何部位,而马的排卵需要在特定部位进行。

问题:

(1)如何认识各种公畜(如猪、马、牛、羊等)生殖器官解剖构造异同点及与生理功能的关系?

(2)如何认识各种母畜(如猪、马、牛、羊等)生殖器官解剖构造异同点及与生理功能的关系?

【目的及要求】

(1)认识各种公畜、母畜生殖系统主要生殖器官(如睾丸、附睾、卵巢、输卵管、子宫等)的位置、形态、大小及解剖结构特点,了解公畜和母畜生殖器官结构与功能的关系。

(2)了解精子发生过程、卵子发生过程、卵泡发育过程与形态的关系,掌握根据组织切片观察来判断所测组织对应的物种、性别和生殖器官种类的方法。

【实验原理】

动物生殖系统由性腺和生殖道组成。性腺包括睾丸和卵巢。雄性动物生殖道主要包括附睾、输精管、副性腺、阴茎;雌性动物生殖道主要包括输卵管、子宫、阴道。性腺的生理机能涉及精子发生、卵泡发育、卵子发生、生殖激素分泌;生殖道的生理机能涉及生殖细胞和激素的运输及其他物质的分泌。由于不同动物性腺和生殖道的大小、形态及功能存在差异,同种动物不同性腺和生殖道的功能也有差异,因此,可以依据组织切片观察判断所测物种或生殖器官的类别。

【实验材料】

1.实物标本、模型和图片

各种公畜或母畜生殖器官浸制标本、模型、挂图、幻灯片或视频,各种家畜睾丸、卵巢、输卵管、子宫等组织切片。

2.实验试剂与器材

福尔马林、大搪瓷方盘、镊子、剪刀、解剖刀、游标卡尺、照相机和投影仪。

【实验内容及方法】

一、动物生殖器官解剖构造观察

1.公畜生殖器官基本组成、位置结构及特点

公畜生殖器官主要由睾丸、附睾、输精管、副性腺(精囊腺、前列腺和尿道球腺)、尿生殖道和阴茎组成(图1-1)。

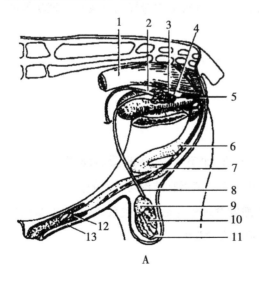
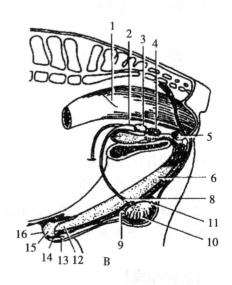

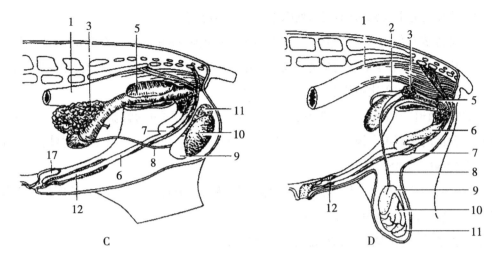

A.公牛的生殖器官　B.公马的生殖器官　C.公猪的生殖器官　D.公羊的生殖器官
1.直肠　2.输精管壶腹　3.精囊腺　4.前列腺　5.尿道球腺　6.阴茎　7.S状弯茎　8.输精管
9.附睾头　10.睾丸　11.附睾尾　12.阴茎游离端　13.内包皮鞘　14.外包皮鞘
15.龟头　16.尿道突起　17.包皮憩室

图1-1　公畜生殖器官

(引自《动物繁殖学(第二版)》,杨利国主编,2010)

(1)睾丸和附睾:公畜睾丸位于阴囊的两个腔内,均为长圆形,体积较大。公畜附睾位于睾丸的附着缘位置,包括附睾头、附睾体和附睾尾三部分。马属动物的睾丸纵轴与地面平行,附睾位于睾丸的上缘外侧,附睾头朝前,尾朝后。牛、羊睾丸纵轴与地面垂直,附睾位于睾丸的后缘,头端向上,尾端向下。猪睾丸方向呈长轴倾斜,前低后高,附睾头在前,尾在后。

(2)输精管:输精管是附睾管延伸而来的,与血管、淋巴管、睾内提肌及神经共同组成精索,沿腹股沟管进入腹腔,之后输精管单独向后上方进入尿生殖道骨盆部背侧,最后变粗形成输精管壶腹。

(3)副性腺:副性腺包括精囊腺、前列腺和尿道球腺。

精囊腺成对位于膀胱颈背面两旁,输精管末端两侧。马的精囊腺呈梨形囊状,向后缩小成输出管,开口于精阜,而牛、羊和猪的精囊腺均是由致密的分叶腺体组织构成,牛、羊的精囊腺比马的小,猪的精囊腺特别发达。

前列腺位于膀胱尿道开始处和精囊腺之后。马的前列腺由两个侧叶和一个峡部组成,形似蝴蝶状,有许多排出管开口于精阜的两旁;牛和猪的前列腺由体部和扩散部组成,体部位于膀胱颈与骨盆尿道交界处,牛的为菱形,猪的为较小的纽扣形,扩散部在骨盆尿道部尿道黏膜外面尿道海绵体肌间;羊的前列腺不发达,仅有扩散部。

尿道球腺成对位于尿生殖道骨盆部出口的外侧两旁;各有1个(马有7~8个)排出管开口于尿道内。马、牛和羊的尿道球腺呈球状,猪的为圆柱状,最发达,上面覆盖的尿道肌很薄。马的尿道球腺体积比猪的小,比牛和羊的大。

(4)尿生殖道:尿生殖道是尿液和精液共同排出的管道,可分为骨盆部和阴茎部。在尿生殖道骨盆部的腹面正中线上做纵向切口,可以看到尿道上壁的精阜,上面有射精孔,是输精管和精囊腺的输出管共同形成的开口。

(5)阴茎:阴茎包括阴茎根、阴茎体和龟头。阴茎由两个阴茎海绵体和其腹面的尿道海绵体组成,这些海绵体是阴茎的勃起组织。

2.母畜生殖器官的基本组成、位置结构及特点

母畜生殖器官(图1-2)主要由卵巢、输卵管、子宫、阴道、尿生殖前庭、阴唇和阴蒂组成,前4部分为内生殖器官,后3部分为外生殖器官。内生殖器官位于腹腔和骨盆内,上面为直肠和小结肠,下面为膀胱,前下方为小结肠和大结肠。子宫颈以前的内生殖器官靠子宫韧带连到腹腔背侧,而子宫颈以后部分靠结缔组织及其脂肪固定在骨盆腔侧壁上。

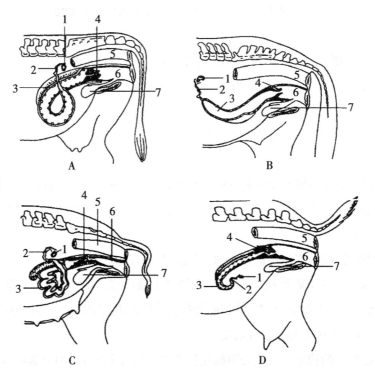

A.母牛的生殖器官　B.母马的生殖器官　C.母猪的生殖器官　D.母羊的生殖器官

1.卵巢　2.输卵管　3.子宫角　4.宫颈　5.直肠　6.阴道　7.膀胱

图1-2　母畜生殖器官

(引自《动物繁殖学(第二版)》,杨利国主编,2010)

(1)卵巢:不同动物的卵巢的外形特征有所不同。

牛、羊卵巢:牛卵巢呈扁椭圆形,附着在卵巢系膜上,其附着缘上有卵巢门,血管、神经由此出入。中等大的水牛卵巢(图1-3)长2~3 cm,宽2.0~2.5 cm,厚1.5~2.0 cm(图1-3)。排卵后一般不形成红体,黄体常凸出于卵巢表面。羊的卵巢比牛的圆而小,长1.0~1.5 cm,宽厚各0.8~1.0 cm。牛、羊的卵巢一般位于子宫角尖端外侧,初产及经产胎次少的母牛,卵巢均在耻骨前缘之后。经产的母牛,子宫角因胎次增多而逐渐垂入腹腔,卵巢也随之前移至耻骨前缘的下方。

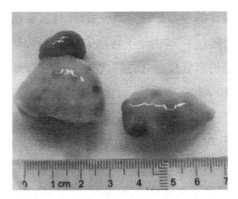

图1-3 水牛卵巢

猪卵巢:猪卵巢(图1-4)的形态及大小因年龄不同而有很大变化。初生仔猪的卵巢类似肾脏,表面光滑,一般是左侧稍大,约5 mm×4 mm,右侧约3 mm×4 mm。接近初情期时,突出于表面的小卵泡和黄体,很像桑葚。初情期开始后,根据发情周期中时期的不同,有大小不等的卵泡、红体或黄体突出于卵巢的表面,凹凸不平,近似一串葡萄,卵巢体积达到最大。猪的卵巢位于荐骨岬的两旁,随着胎次的增多逐渐移向前下方。

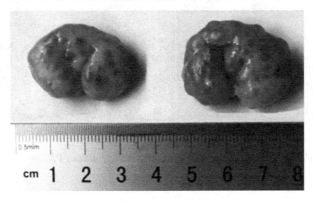

图1-4 猪卵巢

马卵巢:马在初情期以后,其卵巢的形状略像蚕豆,附着缘宽大,游离缘上有排卵窝,为马属动物所特有,卵泡均在此凹陷内破裂排出卵子。马的卵巢由卵巢系膜吊在腰区后部下面的两旁。左卵巢位于第4、5腰椎左侧横突末端下方,即左侧髋结节的下内侧,右卵巢一般是在第3、4腰椎横突之下,靠近腹腔顶,因此位置比较高而且偏前。

(2)输卵管:输卵管为成对的弯曲管道,是卵子进入子宫必经的通道,从卵巢附近延伸到子宫角尖端,长15~30 cm。输卵管的前1/3段较粗,称为壶腹部,是卵子受精的地方。其余部分较细,称为峡部。壶腹部和峡部连接处叫作壶峡连接部。靠近卵巢端,扩大呈漏斗状的,叫作漏斗部。漏斗部的面积,牛为20~30 cm²,羊为6~l0 cm²。漏斗的边缘形成许多皱襞,称为输卵管伞。牛、羊的输卵管伞不发达,马的发达。输卵管伞的一处附着于卵巢的上端(马的附着于排卵窝),漏斗的中心有输卵管腹腔口,与腹腔相通。管的后端(子宫端)有输卵管子宫口,与子宫角相通。牛、羊由于子宫角尖端细,所以输卵管与子宫角之间无明显分界,括约肌也不发达。马的宫管接合处明显,输卵管子宫口开口于子宫角尖端黏膜的乳头上。猪的输卵管卵巢端和伞包在卵巢囊内,宫管连接处及子宫口和马的相似。

(3)子宫:家畜的子宫一般分为子宫角、子宫体和子宫颈3部分。牛、羊的子宫角基部之间有一纵隔,将二角分开,称为对分子宫(图1-5);马无此隔,猪也不明显,均称为双角子宫(图1-5)。子宫角有大小两个弯,大弯游离,小弯供子宫阔韧带附着,血管神经由此出入。子宫颈前端与子宫内口和子宫体相通,后端突入阴道内,猪例外(图1-6),称为子宫颈阴道部,其开口为子宫外口。

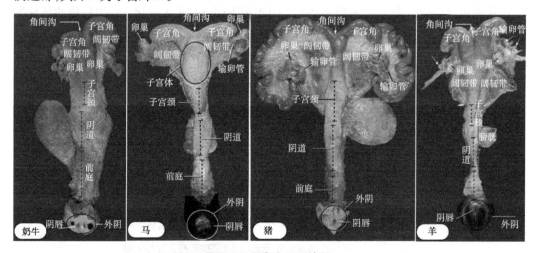

图1-5　母畜生殖系统图

(改自 *Pathways to Pregnancy and Parturition*, *3rd Edition*, P.L. Senger, 2012)

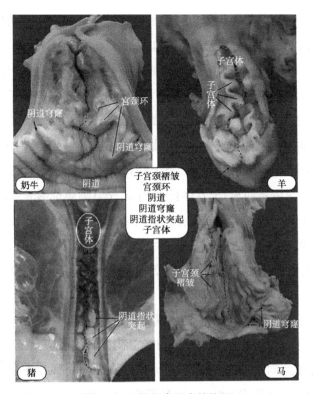

图1-6 不同母畜子宫结构图

（引自 *Pathways to Pregnancy and Parturition*, *3rd Edition*, P.L. Senger, 2012）

牛的子宫角长30~40 cm,角基部粗1.5~3.0 cm,子宫体长2~4 cm,子宫颈长5~10 cm,粗3~4 cm,壁厚而硬。青年及胎次较少的母牛(奶牛),子宫角弯曲如绵羊角(图1-5),位于骨盆腔内,而胎次多的,子宫并不能完全恢复原来的形状和大小,常垂入腹腔。子宫两角基部之间的纵隔处有一纵沟,称角间沟。子宫黏膜有突出于表面的半圆形子宫阜70~120个,阜上没有子宫腺,其深部含有丰富的血管。怀孕时子宫阜即发育为母体胎盘。水牛的子宫角弯曲度较小,接近平直,子宫体比黄牛的稍短。子宫颈在不发情时管腔封闭很紧,发情时只稍微开放,子宫颈阴道部粗大,突入阴道约2~3 cm。黏膜有放射状皱襞,经产牛(奶牛)的皱襞有时肥大如菜花状,子宫颈肌的环状层很厚,分为两层,内层和黏膜固有层,构成2~5个横的新月形皱襞,彼此嵌合,使子宫颈管成为螺旋状(图1-6)。环状层和纵行层之间有一层稠密的血管网,子宫颈破裂时出血很多。子宫颈黏膜是由两类柱状上皮细胞,即具有纤毛的纤毛细胞和无纤毛的分泌细胞组成,发情时分泌活动增强,但子宫颈部缺乏腺体。

羊的子宫形态与牛的相似,体积比牛的小。绵羊子宫角的黏膜有时有黑斑,绵羊子宫阜为80~100个,山羊的为160~180个,阜的中央有一凹陷。羊的子宫颈阴道部仅上下2片或3片突出,上片较大,子宫颈外口的位置多偏于右侧(图1-6)。

马的子宫角较短,为扁圆桶状(图1-5),长15~25 cm,宽3~4 cm。前端钝,中间部稍下垂呈弧形。子宫体较其他家畜的发达,长8~15 cm,宽6~8 cm。子宫体前端与两子宫角交界处为子宫底。子宫角及子宫体均由子宫阔韧带吊在腰下部的两侧和骨盆腔的两侧壁上。子宫黏膜形成许多纵行皱襞,充塞于子宫腔(图1-6)。马的子宫颈长5~7 cm,粗2.5~3.5 cm,较牛的短而细,壁也较薄较软,黏膜形成纵皱襞,子宫颈阴道部长2~4 cm,黏膜上有放射状皱襞。不发情时,子宫颈封闭,但收缩不紧,可容一指伸入,发情时开放很大。

猪的子宫角(图1-5),长1.0~1.5 cm,宽1.5~3.0 cm,形成很多弯曲,很似小肠,管壁较厚,两角基部之间的纵隔不明显;子宫体长3~5 cm,子宫黏膜也形成纵皱襞,充塞于子宫腔。猪的子宫颈长10~18 cm,内壁有左右两排彼此交错的半圆形突起,中部的较大,越靠近两端越小。子宫颈后端逐渐过渡为阴道,没有明显的阴道部(图1-6)。而且因为发情时子宫颈管开放,所以给猪输精时,很容易穿过子宫颈而将输精器插入子宫体内。

(4)阴道

阴道是雌性交配器官和胎儿分娩通道。其背侧为直肠,腹侧为膀胱和尿道。阴道腔为一扁平的缝隙,前端有子宫颈阴道部突入其中。子宫颈阴道部周围的阴道腔称为阴道穹窿(图1-6),后端和尿生殖前庭之间以尿道外口及阴瓣为界。未曾交配过的幼畜(尤其是马、羊)阴瓣明显。牛阴道长22~28 cm,羊阴道长8~14 cm,马阴道长15~35 cm,猪阴道长约10 cm。

(5)外生殖器官

母畜外生殖器官包括尿生殖前庭、阴唇和阴蒂。

尿生殖前庭为从阴瓣到阴门裂的部分,前高后低,稍倾斜。前庭两侧壁的黏膜下层有前庭大腺,发情时分泌增强。牛的前庭自阴门下连合至尿道外口,长约10 cm,马8~12 cm,猪5~8 cm,羊2.5~3.0 cm。

左右两片阴唇构成阴门,其上下两端联合形成阴门的上下角。牛、羊和猪的阴门下角呈锐角,而马、驴的阴门上角较尖,下角浑圆。阴唇外面是皮肤,内为黏膜,二者之间有阴门括约肌及大量结缔组织。

阴蒂位于阴唇下角的阴蒂凹内,由两个勃起组织(海绵体)构成,相当于公畜的阴茎。海绵体的两个角附着在坐骨弓的中线两旁,富有感觉神经末梢。

二、动物生殖系统组织学切片观察

1.睾丸的组织学观察

(1)低倍镜观察:在低倍镜下观察被膜、睾丸实质、睾丸小叶等结构。

被膜:由浆膜和白膜构成。外层浆膜为一较薄的固有鞘膜,从腹膜延伸而来。内层白膜为弹性结缔组织白色薄膜层,其中富有血管。白膜下为实质部分,即睾丸的功能层。

睾丸实质:由精细管、睾丸网和间质组织组成(图1-7)。每个小叶内有一条或数条盘曲的精细管,其直径为0.1~0.3 mm,管腔直径0.08 mm,腔内充满液体。精细管之间为间质组织。精细管在各小叶的尖端先各自汇合,然后穿入纵隔结缔组织内形成弯曲的导管网,称作睾丸网(马无睾丸网),为精细管的收集管,最后由睾丸网分出10~30条睾丸输出管,汇入附睾头的附睾管。

睾丸小叶:睾丸中隔将睾丸实质分成许多小叶,小叶的尖端朝向中央,小叶的基部朝向睾丸的表面(图1-7)。每个小叶由2~3条盘曲的曲精细管及血管和间质细胞组成。

曲精细管:曲精细管直径约200 μm。据估测,牛的曲精细管拉直,头对头相接,可长达几千米,其质量占睾丸质量的80%。马、牛、猪和羊的睾丸曲精细管的平均长度分别为2 419 m、4 000~5 000 m、6 000 m和7 000 m。

睾丸纵隔和中隔:睾丸纵隔为睾丸的一端伸向睾丸实质的结缔组织纵隔,并向四周发出许多放射状的结缔组织小梁,伸向白膜。这些结缔组织小梁称为睾丸中隔。猪的睾丸中隔较发达,牛、羊的薄而不完整(图1-7)。

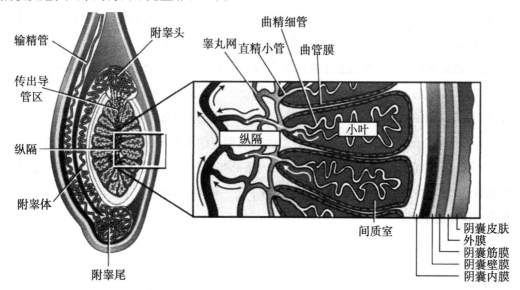

图1-7 睾丸组织构造

(改自*Pathways to Pregnancy and Parturition*, 3rd Edition,P.L. Senger,2012)

(2)高倍镜观察:在高倍镜下仔细观察,精细管的管壁由外向内分别由结缔组织纤维、基膜和复层的生殖上皮构成。上皮主要由生精细胞和足细胞构成。

间质细胞:又称Leydig细胞。体积较大,分布于曲精细管之间,近似卵圆形或多角形,胞质嗜酸性,核大而圆。具有分泌雄激素的功能。

　　足细胞：又称Sertoli细胞、支持细胞或营养细胞，体积较大而细长，但数量较少，属体细胞。呈辐射状排列在曲精细管中，分散在各期生殖细胞之间，其底部附着在曲精细管的基膜上，游离端朝向管腔，常有许多精子嵌在上面。该细胞高低不等，界限不清。细胞核较大，位于细胞的基部，着色较浅，具有明显的核仁，但不显示分裂。由于足细胞的顶端有数个精子伸入胞浆内，故一般认为此种细胞对生精细胞起支持、营养、保护等作用。若足细胞失去功能，精子便不能成熟。

　　生精细胞（生殖细胞）：数量比较多，成群地分布在足细胞之间，大致排列成3~7层（同心圆排列）。根据不同发育阶段及其形态特点又可分为：精原细胞、初级精母细胞、次级精母细胞、精（子）细胞和精子（图1-8）。

　　①精原细胞：位于最基层，紧贴基膜。细胞体积较小，呈圆形，常有分裂现象。是精子生成的干细胞。细胞质比较清亮。细胞核大而圆，富含染色质，因而着色较深。

　　②初级精母细胞：位于精原细胞上面，排成几层，常显示有分裂现象。细胞体积较大，呈圆形。细胞核呈球形，富有染色质，故着色较深。分裂时，染色体在不同的活动时期呈线状、棒状或粒状。在最初阶段与精原细胞不易区别。随着细胞离开基膜向管腔移动，同时胞浆不断增多，胞体不断变大，具有明显的胞核，核内染色体的数目减少一半成为单倍体。

　　③次级精母细胞：位于初级精母细胞的内侧。体积较小。细胞呈圆形。细胞核为球形，染色质细粒状。由于该细胞很快分裂为两个精子细胞，因而在切片上很难找到它。

　　④精子细胞：位于精母细胞内侧，靠近曲精细管的管腔。常排列成数层。并且多密集于足细胞游离端的周围。细胞体积更小，胞浆少。胞核呈球形，着色深。

　　⑤精子：位于或靠近曲精细管的管腔内。有明显的头和尾，呈蝌蚪状。头部含有核物质，染色很深，常深入足细胞的顶部胞浆中。尾部朝向管腔。精子发育成熟后脱离曲精细管的管壁，游离在管腔中，随后进入附睾。精子是一种独特的细胞，不含细胞质。成熟后还有前进运动的能力。

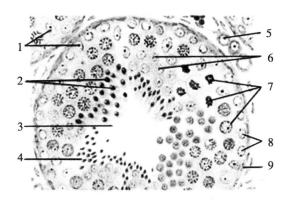

1.足细胞　2.生精细胞　3.管腔　4.精子　5.间质细胞　6.次级精母细胞　7.初级精母细胞
8.精原细胞　9.肌样细胞

图1-8　生精小管和睾丸间质模式图

(改自《动物繁殖学(第二版)》,杨利国主编,2010)

2.卵巢的组织学观察

(1)低倍镜观察:在低倍镜下找出卵巢表面上皮和白膜,区分卵巢的皮质部和髓质部(图1-9)。

卵巢表面上皮:位于卵巢皮质的最外层,由单层立方上皮细胞组成。马卵巢表面上皮仅分布于排卵窝,其余部分被浆膜覆盖。

白膜:位于卵巢表面上皮的一薄层致密结缔组织。

皮质部:位于白膜下面,属于卵巢的外周部分(马的则位于卵巢中央靠近排卵窝处)。由许多大小不等的发育卵泡和闭锁卵泡、少量黄体以及较致密的结缔组织构成。占卵巢的大部分,与髓质无明显界限。由于皮质部含有卵泡和产生卵巢激素的细胞,故也称"功能层"。

髓质部:位于卵巢中央(马的则在卵巢周围)。内含有许多细小的血管、神经和富有弹性纤维的疏松结缔组织。

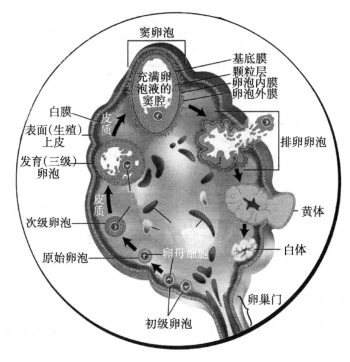

图 1-9 卵巢的组织构造图

(引自 *Pathways to Pregnancy and Parturition*, *3rd Edition*, P.L. Senger, 2012)

(2)高倍镜观察:在高倍镜下观察。每个卵泡都由位于中央的卵母细胞和围绕在卵母细胞周围的卵泡细胞组成。有的卵泡在发育过程中可能退化而形成闭锁卵泡。卵泡可根据发育程度不同而分成下列各期(图1-10)。

①原始卵泡:卵泡呈球形。卵原细胞有丝分裂增殖停止,形成初级卵母细胞。初级卵母细胞进入第一次减数分裂,然后休止在前期的双线期。初级卵母细胞位于中央,周围包有一单层扁平的卵泡(颗粒)细胞。卵母细胞的体积比较大,中央有一圆形的泡状核,核内染色质稀少,着色较浅,核仁明显。卵泡细胞体积小,核扁圆形,着色深。所有的原始卵泡在出生前就形成了。它处于贮备状态未进入生长。常常在皮质外周成群地出现,称作"卵窝"。据估计,一头初生牛犊卵巢中央有大约75 000个原始卵泡。

②初级卵泡:排列在卵巢皮质区外围,由卵母细胞和外面一层立方形或柱状的颗粒细胞组成。无卵泡膜和卵泡腔。初级卵母细胞体积较大,核内染色质稀少,着色较浅,核仁明显。

③次级卵泡:初级卵泡经过发育和生长,即成为次级卵泡。卵母细胞体积基本不变,但外围的颗粒细胞生长。卵母细胞由多层颗粒细胞所包围。其外由卵泡膜形成。卵母细胞和卵泡细胞共同分泌出一层由黏多糖构成的透明带,聚积在卵泡细胞与卵黄膜之间。在颗

粒细胞增生的同时,从卵巢基质细胞和前颗粒细胞中分化出卵泡膜细胞,形成卵泡膜。此时,卵泡腔仍未形成。

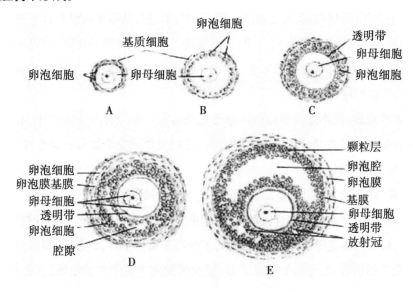

A.原始卵泡　B.初级卵泡　C.次级卵泡　D.三级卵泡　E.成熟卵泡

图1-10　哺乳动物卵泡发育模式图

(改自《胚胎学基础》,Patten,1964)

④三级卵泡:卵泡体积增大。颗粒细胞之间有液体形成并将它们分开,形成卵泡腔。小卵泡腔合并成为大卵泡腔。初级卵母细胞逐渐发育增大,胞浆中卵黄颗粒增多。透明带为较均一的厚层蛋白质膜。卵泡细胞层增厚。随着卵泡液的增多,卵泡腔逐渐扩大将卵母细胞挤向一边,卵母细胞包裹在一团颗粒细胞中,形成突出在卵泡腔内的半岛,称为卵丘。其余颗粒细胞紧贴于卵泡腔的周围,形成颗粒细胞层。颗粒细胞外周的卵泡膜有两层,其中卵泡内膜为具有内分泌功能的上皮细胞,并分布有许多血管,内膜细胞参与雌激素的合成;卵泡外膜由纤维细胞构成,分布有神经。卵黄膜外的透明带周围有排列成放射状的柱状细胞层,形成放射冠,放射冠细胞有微绒毛伸入透明带内。

⑤成熟卵泡:也叫Graafian卵泡。三级卵泡进一步成熟,形成充满卵泡液的水泡,卵泡扩展到整个皮质部并突出卵巢表面,卵泡壁变薄,卵泡发育到最大体积。这时的卵泡称为成熟卵泡。发育成熟的卵泡结构,由外向内分别是卵泡外膜、卵泡内膜、颗粒细胞层、卵泡液、卵丘、透明带、卵母细胞。此时初级卵母细胞长大成熟,核呈空泡状,染色质很少,核仁明显。胞浆内富有卵黄颗粒。排卵前即恢复并完成第一次减数分裂,结果形成大小不等的两个细胞,大的细胞为次级卵母细胞,小的叫第一极体。透明带变厚。极体呈卵圆形,位于透明带与次级卵母细胞之间的卵黄周隙,只由核质构成,以后逐渐退化。

牛、羊、猪的卵泡在排卵前(马的在排卵后)完成第一次减数分裂,形成次级卵母细胞。随即开始第二次减数分裂,然后休止在中期(M)。受精过程才使第二次减数分裂恢复并完成。结果产生合子(受精卵)及第二极体。因而,牛、羊、猪、马等家畜没有真正的卵子存在。

⑥闭锁卵泡:初级卵泡退化后,一般不留痕迹。但生长卵泡退化时,卵母细胞萎缩,透明带膨胀和皱缩塌陷,颗粒层细胞松散、萎缩并脱落进入卵泡腔内,卵泡液被吸收,卵泡壁凹陷,以后结缔组织侵入泡内。

(3)黄体的观察:黄体是排卵后的卵泡转变成的富有血管的内分泌器官(图1-9)。牛、羊、猪的黄体位于卵巢皮质浅层,突出于表面。马的黄体则完全埋藏在卵巢深部。黄体发育阶段可分为下列各期。

①血体期:卵泡破裂后,血液流入卵泡腔内,形成血凝块,也叫红体期。

②增生期:破裂卵泡伤口愈合,黄体细胞增生,外观呈黄色。黄体细胞分粒黄体细胞和膜黄体细胞,粒黄体细胞源于卵泡颗粒细胞,多分布于黄体中心,着色浅,呈多角形,体积较大,胞质出现类脂质颗粒,球形细胞核明显;膜黄体细胞来源于内膜细胞,多分布在黄体边缘或粒黄体细胞之间,体积小,核及胞质着色较深。

③血管盛开期:血管与结缔组织伸入黄体中心,形成花彩状,黄体细胞清晰可见。

④成熟期:黄体增大到最高峰,黄体内各种结构明显。

⑤白体期:黄体退化、萎缩,变成白色的痕迹。

3.输卵管组织学观察

输卵管从内向外由黏膜、肌层和浆膜三层不同细胞层构成。

(1)黏膜:由上皮和固有膜构成。黏膜形成若干初级纵襞,在壶腹内又分出许多次级纵襞。黏膜上皮为单层柱状纤毛上皮,其中央为无纤毛的分泌上皮细胞。在漏斗和壶腹部的上皮纤毛较高,向子宫逐渐变低。纤毛向子宫端颤动,有助于卵的运送。分泌细胞的分泌物可为卵提供营养。固有膜由致密的纤维性结缔组织构成。但在壶腹部组织较疏松,伸入皱褶内构成支柱。

(2)肌层:分内环肌和外纵肌两层。两侧之间无明显界限。靠近子宫端的肌层较厚。伞部的外纵肌消失,仅含有分散的肌细胞。

(3)浆膜:为输卵管壁最外层。浆膜基本上为结缔组织。在肌层和浆膜之间有很宽的一层疏松结缔组织,叫浆膜下层,其中含有卵巢和子宫血管的分支、淋巴管、神经和纵行平滑肌。

4.子宫组织学观察

子宫壁分为3层:内膜、肌层和外膜。

(1)内膜:由黏膜上皮和固有膜构成。黏膜上皮为单层的柱状上皮。细胞有时有纤毛,无纤毛的细胞有分泌性质。黏膜上皮陷入固有膜内,形成子宫腺。固有膜又叫内膜基质,为环形的结缔组织,纤维较细,还有网状纤维和网状细胞,之间有各种白细胞、巨噬细胞、淋巴管、血管和子宫腺。子宫腺是弯曲的分支管状腺,管壁由单层柱状上皮构成,多为分泌黏液的细胞,纤毛细胞较少。管壁外有分层的结缔组织鞘。

(2)肌层:分厚的内环肌和薄的外纵肌,在内外肌层之间为血管层,其中有神经分布。

(3)外膜:为浆膜,由疏松结缔组织和间皮组成。

【结果分析与判断】

(1)说出雄性动物生殖器官的基本结构,绘制一种公畜生殖器官标本图,并将观察的各种雄性动物生殖器官的形态、大小、构造特点等填于表1-1中。

表1-1 雄性动物生殖器官观察结果

观察项目		牛	羊	马	猪
睾丸	长轴与地面关系				
附睾	长度				
输精管壶腹	粗细				
	形状				
精囊腺	大小				
	形状				
前列腺	形状				
	发达程度				
尿道球腺	大小				
	形状				
阴茎	形状				

(2)说出雌性动物生殖器官的基本结构,绘制一种雌性动物生殖器官标本图,并将观察的各种雌性动物生殖器官的形态、大小、构造特点等填于表1-2中。

表1-2　雌性动物生殖器官观察结果

观察项目		牛	羊	马	猪
卵巢	形状				
	大小				
输卵管	弯曲程度				
子宫角	类型				
	形状				
	长短				
	粗细				
	角间沟				
子宫体	长短				
子宫颈	粗细				
	长度				
	子宫颈阴道部外形				
阴道	阴道穹窿外形				
阴唇	阴门上角形状				
	阴门下角形状				

(3)绘出3~4条睾丸曲精细管横切面的构造图,并注明所含细胞。

(4)绘出卵泡发育各阶段(原始卵泡、初级卵泡、次级卵泡、三级卵泡和成熟卵泡)的构造图。

【注意事项】

(1)由于动物标本为福尔马林溶液浸泡,因此标本展示时需要注意实验室的通风情况。

(2)在观察动物生殖器官标本时,告诫学生不能直接接触标本,如有标本液体溅到皮肤和眼睛,应立即用大量清水冲洗。

(3)在观察组织切片时,需要提醒学生关于显微镜的正确使用方法,注意保护好显微镜镜头。

(4)在观察组织切片时,需要提醒学生注意切片的正确拿放,防止皮肤被刮伤。

【复习思考题】

(1)动物两性生殖器官的组成有何异同点？

(2)各种动物需要多长时间才能完成精子发生的整个过程？

(3)如何区分原始卵泡、初级卵泡、次级卵泡、三级卵泡和成熟卵泡？简单阐述其不同之处。

【拓展学习】

1.相关研究文献

(1)胡言青,徐奎,魏迎辉,等.*PNPLA5*基因敲除对大鼠睾丸形态学及精子运动能力的影响[J].畜牧兽医学报.2019(1).

(2)贺亚媚.褪黑素对猪卵泡发育与闭锁的影响研究[D].杨凌:西北农林科技大学,2017.

(3)Cho E, Kim YY, Noh K, et al. A new possibility in fertility preservation: the artificial ovary[J]. J Tissue Eng Regen Med. 2019, 13(8).

(4)Zhou JW, Peng XW, Mei SQ. Autophagy in ovarian follicular development and atresia [J]. International Journal of Biological Sciences. 2019, 15(4).

(5)Richards JS, Ren YA, Candelaria N, et al. Ovarian follicular Theca cell recruitment, differentiation, and impact on fertility: 2017 update[J]. Endocrine Reviews. 2018, 39(1).

2.知识拓展

卵泡是哺乳动物卵巢的基本功能单元,是包裹卵母细胞的特殊结构。哺乳动物原始卵泡库是卵泡发育的基础,它在动物出生前就已形成,此后一般不会再形成新的原始卵泡。一旦原始卵泡库形成,原始卵泡就不断进行发育,数量也会逐渐减少。

案例:哺乳动物出生时原始卵泡数量,人约100万个,小鼠约1万个,家畜几百万个。到初情期(人是青春期)时,原始卵泡数量人降至4万个,小鼠约5 000个,猪约42万个,牛约21万个。猪每一胎的产仔数平均为12头,而牛或马每一胎的产犊或产驹数平均只有1头,每头猪或牛一生的后代数远远低于原始卵泡数。大部分卵泡在发育的不同阶段会发生退化和闭锁,只有少数才能发育成熟以至排卵。

问题：

(1)动物卵泡为什么会出现闭锁？

(2)如何认识不同动物卵泡闭锁的差异？

(3)如何认识不同动物卵泡发育与产仔数的关系？

生殖激素的生物学测定

【案例及问题】

案例:

孕马血清促性腺激素(PMSG)和促卵泡素(FSH)是动物胚胎移植过程中常用的促排卵激素。某种牛场,采用FSH减量肌内注射法和PMSG一次肌内注射法使供体牛进行超数排卵。FSH减量肌内注射法操作为:在发情周期第16天,每天肌内注射FSH两次,连续4天(注射的剂量为:75 IU×2、50 IU×2、25 IU×2、12.5 IU×2),48 h后再肌内注射促黄体素(LH)500 IU,接着间隔12 h输精2次。PMSG一次肌内注射法操作为:在发情第16天一次性肌内注射PMSG 2 500~3 000 IU,观察到发情后4~6 h进行2次输精,间隔12 h,同时在发情后18 h肌内注射等量的PMSG抗血清。FSH减量肌内注射法采胚平均数、可用胚平均数和可用胚比率分别为8枚,6枚和80%。PMSG一次肌内注射法采胚平均数、可用胚平均数和可用胚比率分别为6枚,4枚和60%。

问题:

(1)为什么超数排卵应用的PMSG剂量高于FSH剂量?

(2)为什么FSH减量肌内注射法超数排卵效果优于PMSG一次肌内注射法?

【目的及要求】

(1)掌握激素生物活性测定的原理,加深对PMSG和FSH生物学作用和理化特性的理解。

(2)测定PMSG或FSH的活性,掌握激素生物活性测定的方法。

【实验原理】

PMSG是从妊娠母马血清中分离纯化的促性腺激素,是妊娠早期母马子宫内膜杯状结构的滋养层所分泌的糖蛋白激素,由α、β两个亚基组成,具有FSH和促黄体素的活性。FSH也称为卵泡刺激素,是由垂体嗜碱性细胞合成和分泌的糖蛋白,由两个非共价α、β亚基组成。PMSG和FSH能够有效促进雌性动物卵泡发育并分泌雌激素,在雌激素作用下,进一步促进卵泡的发育和成熟以及子宫、卵巢和其他生殖器官的发育。

采用PMSG或FSH处理性未成熟小鼠后,一般以性未成熟小鼠子宫增大的程度为测定活性的依据,即以引起小鼠子宫阳性反应的最低浓度来计算预测定的PMSG或FSH样品活性。引起小鼠子宫增大(增粗、水肿)一倍的PMSG或FSH的量称为一个小白鼠单位(MU),用大鼠作实验动物测定的效价单位称为一个大白鼠单位(RU)。此外,将原始标准品以某种定义确定单位后,一切供试品均以此作对照,换算成相当于国际标准品的单位值,以此作为测定供试激素活性的尺度。

【实验材料】

1.实验动物

18~23日龄,体重9~13 g的健康同源雌性小鼠,各测试组实验鼠日龄相差不超过3天,体重相差不超过2 g。

2.实验试剂与器材

PMSG或FSH制剂,生理盐水,20 mL试管,1 mL、2 mL、5 mL和10 mL吸管,吸耳球,0.1 mL和1 mL注射器,4号针头,酒精棉球、眼科剪、眼科镊、搪瓷盘、解剖盘、鼠笼和青霉素瓶(稀释瓶)等。

【实验内容及方法】

一、测试组的确定和待测样品的稀释

根据预估的供试样品效价,用生理盐水将供试样品按等差级数稀释成若干不同浓度梯度的测试组(如表2-1,表2-2),在确定的若干测试组中,应包括供试样品的估计效价组。若供试样品效价无法预估时,可将各测试组浓度的组距加大,进行粗略检测,待确定效价范围后,再在此范围内将各测试组浓度组距缩小,以测得供试样品较为精确的效价含量。

1.PMSG测试组及样品稀释浓度的确定

每取0.1 ml的PMSG样品,按表2-1加入不同量的生理盐水,最后稀释成不同浓度作为待测试组。如果测试的为冻干提纯制剂样品,因激素效价过高,故先作10倍稀释后再行测试。

表2-1　PMSG样品稀释浓度及换算的小鼠单位(改自渊锡藩,畜牧兽医杂志,1986)

组别	每0.1mL PMSG样品中加入生理盐水量/mL	稀释液中样品浓度(体积比)	每只小鼠注射/mL	实际注入每只小鼠体内的样品量/mL	每毫升样品中含有小白鼠单位/MU
1	1.1	1/12	1/5	1/60	60
2	1.5	1/16	1/5	1/80	80
3	1.9	1/20	1/5	1/100	100
4	2.3	1/24	1/5	1/120	120
5	2.7	1/28	1/5	1/140	140
6	3.1	1/32	1/5	1/160	160
7	3.5	1/36	1/5	1/180	180
8	3.9	1/40	1/5	1/200	200
9	4.3	1/44	1/5	1/220	220
10	4.7	1/48	1/5	1/240	240

2.FSH测试组及样品稀释浓度的确定

FSH制剂多是瓶装粉剂,在配制不同浓度的测试组时,需提前用一定量的生理盐水将其稀释成溶液,测出1 mL溶液中效价后,即可计算出该瓶内FSH的效价。每只鼠注射总剂量需分5次进行,每天注射2次。注射期间FSH溶液应在低温下保存,这是由于稀释后的FSH溶液在常温下容易失活,导致效价降低。在测试中,每瓶FSH准确取1 mL生理盐水稀释作为母液,于0~5 ℃下存放。用FSH母液为小白鼠作5次注射,每次剂量应是总剂量的1/5。因此取配制好的母液0.2 mL加生理盐水0.8 mL,经一次稀释成为工作液,再取0.1 mL工作液,按表2-2所示加入不同量的生理盐水,即可配制成不同浓度的测试组。一瓶FSH经1 mL生理盐水稀释成的母液,可配制后用于10个组测试,每个测试组5只小鼠,可为50只小白鼠注射。

表2-2　FSH样品稀释浓度及换算的小鼠单位(改自渊锡藩,畜牧兽医杂志,1986)

组别	每0.1 mL FSH工作液加生理盐水量/mL	稀释液中样品浓度(体积比)	每只小鼠注射5次,每次注射量/mL	实际注入每只小鼠体内的母液量/mL	MU/mL
1	1.1	1/12	1/5	1/60	60
2	1.5	1/16	1/5	1/80	80
3	1.9	1/20	1/5	1/100	100
4	2.3	1/24	1/5	1/120	120
5	2.7	1/28	1/5	1/140	140
6	3.1	1/32	1/5	1/160	160
7	3.5	1/36	1/5	1/180	180
8	3.9	1/40	1/5	1/200	200
9	4.3	1/44	1/5	1/220	220
10	4.7	1/48	1/5	1/240	240

二、分组与注射

根据各测试组稀释成的不同浓度将小白鼠分为11组(或5组),每组5只,分别编号,其中一组为对照组,注射同样剂量的生理盐水,其余10组(或4组)为测试不同浓度(稀释浓度分别为1/12、1/24、1/36和1/48)样品的测试组。

分别给各组的小白鼠腹部皮下注射稀释好的样品0.2 mL,对照组注射生理盐水,PMSG只作1次注射,FSH分5次注射。注射时用手捏住小鼠头及尾部进行固定,用酒精棉球对腹部消毒并提起皮肤,将注射针头平插刺入皮下,当针头微向上挑,不露针头时,再注入PMSG或FSH样品。当皮下呈现一鼓起小泡时,证明样品确已注入皮下部位。注射时针头宜用小号细针头,以防止注射后药液从针孔处逸出。同时注射量要力求准确,避免药液注入胸腔或腹腔或逸出体外。

三、剖检

于注射药液后72~76 h,先用颈椎脱白法将小鼠处死,用图钉或其他将小鼠固定于解剖板上,然后用眼科剪剪开腹腔,将肠胃向前翻去,在肾脏后方即可看到两侧乳白色的卵巢及与输尿管平行的两侧子宫角,将卵巢和子宫周围的组织剥离,将膀胱后阴道段剪断,夹住膀胱向上提,即可将子宫和卵巢摘出。将子宫平置于玻璃板上,将子宫附属组织剔除干净,可滴数滴生理盐水浸润以防止子宫组织干涸,将剥离后的小鼠子宫用平皿分组收集(如图2-1)。

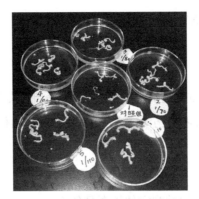

图2-1 小鼠子宫剥离图

（选自《动物繁殖学实验实习教程》,杨利国主编,2015）

四、效价确定

将各测试组小鼠子宫与对照组比较,每组5只小白鼠中有3只或3只以上子宫增大（增粗、水肿）一倍以上的,则定该组为阳性反应组。根据各测试组中呈阳性反应的最低浓度组效价值,换算出每毫升PMSG或FSH母液中含有的小白鼠单位。

假设稀释液中PMSG浓度为$1/x$,若稀释后浓度在$1/x$以上的各组均呈阳性反应,则$1/x$浓度的测试组为呈阳性反应的最低浓度。实际注入鼠体内的供试品药液量为$1/x \times 1/5$ mL=$1/5x$ mL,则1 mL供试药品中含有的PMSG生物效价为$5x$小白鼠单位（MU）。

【结果分析与判断】

（1）将PMSG效价生物学测定结果填于表2-3中并进行分析。

表2-3 PMSG效价生物学测定的结果

组别	稀释液中样品浓度	实际注入每只小鼠体内的母液量/mL	结果（MU/mL）

（2）将FSH效价生物学测定结果填于表2-4中并进行分析。

表2-4 FSH效价生物学测定的结果

组别	稀释液中样品浓度	实际注入每只小鼠体内的母液量/mL	结果（MU/mL）

(3)分析PMSG和FSH效价生物学测定结果及影响因素。

【注意事项】

(1)实验小鼠日龄和体重保持大体一致,抓取和解剖小鼠时严格按照操作规程进行。

(2)注射剂量要求精确,避免药液注入胸腔、腹腔或逸出体外。

【复习思考题】

(1)PMSG和FSH效价生物学测定的依据是什么?

(2)如何进行大鼠PMSG和FSH效价的生物学测定?

【拓展学习】

1.相关研究文献

(1)贾慧,齐连权,梁艳,等.人促卵泡激素体外生物学活性测定方法的建立[J].生物技术通讯,2015,26(4).

(2)刘志勇,李杰,朱月华,等.高纯度卵泡刺激素效价及相关指标的检测[J].江西医学院学报,2004,44(1).

(3)Combarnous Y, Mariot J, Relav L, et al. Choice of protocol for the *in vivo* bioassay of equine Chorionic Gonadotropin (eCG / PMSG) in immature female rats[J]. Theriogenology. 2019, 130.

(4)Mazina O, Allikalt A, Tapanainen JS, et al. Determination of biological activity of gonadotropins hCG and FSH by Förster resonance energy transfer based biosensors[J]. Scientific Reports. 2017, 7.

(5)Lecompte F, Harbeby E, Cahoreau C, et al. Use of the immature rat uterotrophic assay for specific measurements of chorionic gonadotropins and follicle-stimulating hormones *in vivo* bioactivities[J]. Theriogenology. 2010, 74(5).

2.知识拓展

生殖激素对动物内分泌的调控发挥着巨大作用,但在体内含量甚微,用常规的生化方法很难检测。生物测定法是最常用的检测方法,包括常规生物检测和微量生物测定法。

常规生物检测有子宫增大(或增重)反应、阴道涂片检查、鸡冠发育反应、卵巢增重反应、排卵试验和抗坏血酸排空反应。

微量生物测定法又称为细胞培养生物测定法,具体为在体外培养待测激素的靶细胞,添加待测激素,检测激素作用后靶细胞分泌物的含量,间接计算激素的生物活性。该法具备常规生物测定法的优点,灵敏度高,又可避免常规生物法耗时长、操作烦琐、结果重复性差和大量使用实验动物容易引起伦理问题的缺点。FSH体外生物学活性测定法是一种微量生物测定法。哺乳动物卵巢颗粒细胞是FSH天然的靶细胞,FSH受体表达于颗粒细胞,是G蛋白家族的一种跨膜蛋白。当FSH与靶细胞膜上的FSH受体结合后,通过cAMP信号传导通路激活芳香化酶,引起类固醇蛋白如雌二醇、孕酮等的合成和分泌。目前已有多种人卵巢颗粒细胞系被应用于FSH的生物活性测定,如用不同浓度的FSH作用于卵巢肿瘤细胞的KGN细胞系,使细胞的孕酮分泌含量增加,最后采用ELISA方法检测细胞培养上清液中孕酮含量的增加程度,以此来反映FSH的生物学活性。

问题:

(1)动物生殖激素微量生物测定法与常规生物检测法各有什么特点?

(2)微量生物测定法中靶细胞的作用是什么?

实验3

生殖激素的免疫学测定

【案例及问题】

案例：

生殖激素如人绒毛膜促性腺激素(HCG)和孕酮分别对人和动物的早期妊娠诊断具有非常重要的意义。动物的早期妊娠诊断可以尽早诊断出经配种未孕的母畜，以便对母畜尽早做出复配处理，提高繁殖率，降低饲料和人工成本。某奶牛场，采集血样和乳样，用RIA法和ELISA法对100头奶牛进行早期妊娠诊断，孕酮含量低于5.5 ng/mL判为未孕，高于7.0 ng/mL判为妊娠，介于两者之间为可疑，应在65 d后用直肠检测法进行验证。RIA检测的结果显示：22 d时血液和乳液样本妊娠的准确率分别为95%和90%。ELISA的结果显示：22 d时血液和乳液样本妊娠的准确率分别为92%和88%。

问题：

(1)为什么RIA检测妊娠的准确率要高于ELISA的准确率？

(2)为什么血液样品检测的妊娠准确率要高于乳液样本？

【目的及要求】

(1)掌握各种激素免疫学测定方法的基本原理及在动物上的应用。

(2)掌握放射免疫检测和酶联免疫吸附检测测定动物乳汁、血液或尿液、粪便中生殖激素的步骤和注意事项，加深对激素免疫学测定在动物早期妊娠诊断、发情鉴定和繁殖疾病诊断应用中重要性的理解和认识。

【实验原理】

ELISA原理。将抗原(或抗体)固相化(进行包被)，与酶标记的相应抗体(或抗原)结合，然后加入该酶作用的底物，底物被酶催化成有色的产物，产物量与标本中受检样品的量呈直接相关,据此进行定性或定量分析。ELISA具有快速、灵敏、简便、特异性强和无放射性同位素污染等优点,是免疫学检测方法中最有前景的一种,主要包括直接ELISA、间接ELISA、双抗夹心ELISA和竞争ELISA(图3-1)。

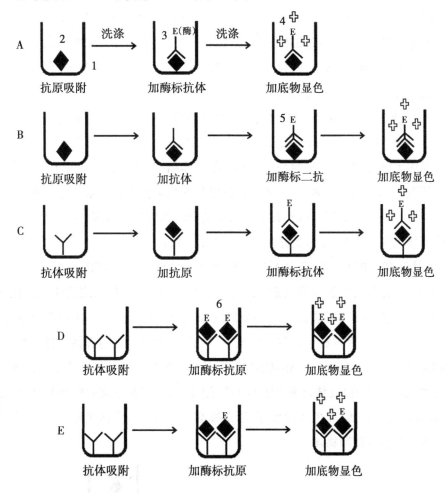

A.直接ELISA,B.间接ELISA,C.双抗夹心ELISA,D.竞争ELISA阴性结果,E.竞争ELISA阳性结果;
1.酶标板其中1个小孔,2.抗原,3.酶标抗体,4.底物,5.酶标二抗,6.酶标抗原

图3-1　各种ELISA测定法的原理图
(改自《动物繁殖学实验实习教程》,杨利国主编,2015)

(1)直接ELISA。将待检测抗原直接包被到固相载体如酶标板上,通过加入酶标记抗体使之与抗原结合,通过洗涤除去未结合的酶标记抗体,加入该酶作用的底物进行显色,根据显色的程度推算待测抗原含量。

(2)间接ELISA。将特异性抗原与固相载体连接形成固相抗原,通过洗涤除去未结合的抗原,加待检测抗体使之与特异性抗原结合形成固相抗原抗体复合物,通过加酶标二抗使之与固相复合物中的抗体结合,从而使待检测抗体间接地与酶连接,加入该酶作用的底物进行显色,根据显色的程度推算待测抗体的含量。

(3)双抗夹心 ELISA。将特异性抗体(抗原)与固相载体连接形成固相抗体(抗原),通过洗涤除去未结合的抗体(抗原),加待检测抗原(抗体)使之与特异性抗体(抗原)结合形成固相抗原抗体复合物,通过加酶标抗体(或抗原)使之与固相复合物中的抗原(抗体)结合,从而使检测抗原(抗体)间接地与酶连接,加入该酶作用的底物进行显色,根据显色的程度推算待测抗原(抗体)的含量。

(4)竞争 ELISA。将特异性抗体与固相载体连接形成固相抗体,通过洗涤除去未结合的抗体,待测管加受检样品和一定量酶标抗原的混合液体,使其与固相抗体反应。如果受检样品中无抗原,则酶标抗原顺利地与固相抗体结合,如果受检样品中含有抗原,则与酶标抗原竞争结合固相抗体,减少了酶标抗原与固相载体的结合量。参考管在包被固相抗体后,只加酶标抗原进行反应,参考管由于结合的酶标抗原最多,故颜色最深。参考管与待测管颜色深度之差,则为受检样品中抗原的含量。

RIA法原理。RIA法的原理(图3-2)与竞争性ELISA法基本相同,区别在于标记物和分离方法。RIA采用放射性同位素(如 ^{125}I、^{131}I、^{3}H 和 ^{14}C)标记抗原或抗体,通过活性炭吸附、二抗沉淀、离心等方法将结合的和游离的标记物进行分离。具体操作为将放射性标记的已知抗原($*Ag$)和非标记的待检测抗原(Ag)同时与限量的特异性抗体进行竞争性结合或抑制反应,测定结合($*Ag$-Ab 或 B)或游离($*Ag$ 或 F)的标记物的放射性强度,计算结合与游离比值(B/F值)或结合率值[$B/(B+F)$值],同时用待测激素的标准品(已知浓度)为参照,以 B/F 值或 $B/(B+F)$ 值为纵坐标,激素标准品不同含量为横坐标,建立标准曲线,根据此标准曲线推算待测物含量。

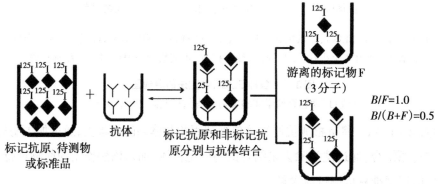

图3-2 RIA法原理图

(改自《动物繁殖学实验实习教程》,杨利国主编,2015)

用ELISA法或RIA法测定孕酮可对配种后18~25 d内的各种动物进行妊娠诊断。奶牛的早期妊娠诊断在动物中应用得最多。奶牛配种后，如果妊娠，则卵巢上的周期性黄体转变为妊娠黄体，孕酮的分泌量也随之增加。奶牛乳汁或血液中孕酮含量如果大于7.0 ng/mL为妊娠，小于5.5 ng/mL为未孕，介于两者之间为可疑。

【实验材料】

1. 实验动物

配种后20~25 d奶牛的血液和乳汁，同时采集空怀奶牛血液和乳汁。

2. 实验器材与试剂

（1）器材。

ELISA测定：酶联免疫检测仪、酶标板、恒温箱、可调微量液体加样器、多道移液器、冷冻离心机、吸水纸、冰箱、小烧杯、试管、电子天平、超纯水仪等。

RIA测定：全自动智能放免γ计数器（^{125}I和^{131}I标记）、闪烁仪（^{3}H标记）、低速冷冻多管离心机（TDL-5000B型，5 000 r/min，放射免疫测定专用）、高速冷冻离心机、制冰机、低温冰箱、电热恒温水箱、旋涡混合器、超纯水仪、微量移液器、烧杯、试管和冰箱。

（2）试剂。

孕酮酶免疫测定：孕酮抗体、辣根过氧化物酶标记的孕酮抗体、NaCl、KH_2PO_4、$Na_2HPO_4 \cdot 12H_2O$、Tween-20、柠檬酸、H_2SO_4、Na_2CO_3、$NaHCO_3$、四甲基联苯胺（TMB）、H_2O_2、牛血清白蛋白（BSA）、乳样和血样等。

放射免疫测定：放射免疫试剂盒[包括孕酮标准液、^{125}I-孕酮溶液、孕酮抗血清、分离剂（第二抗体）、缓冲液]、乳样和血样等。

（3）孕酮酶免疫测定溶液的配制。

①包被缓冲液：0.05 mol/L碳酸盐缓冲液，具体为称取1.5 g Na_2CO_3，2.93 g $NaHCO_3$，用量筒加双蒸水溶解至1 000 mL，pH调为9.6，高压灭菌后4 ℃保存备用。

②洗涤液：称取8.0 g NaCl，0.2 g KH_2PO_4，2.96 g $Na_2HPO_4 \cdot 12H_2O$，量取0.5 mL Tween-20，用量筒加双蒸水至1 000 mL，pH为7.4，4 ℃保存备用。

③封闭液（或稀释液）：1 g BSA，加洗涤液定容至100 mL，现配现用。

④底物缓冲液：25.7 mL 0.2 mol/L（28.4 g/L）Na_2HPO_4，24.3 mL 0.1 mol/L（19.2 g/L）柠檬酸液，加双蒸水至50 mL，pH为5.0。

⑤TMB溶液：直接购买或临用前配制。将0.2 g TMB干粉溶于100 mL的无水乙醇中制成母液（2 mg/mL无水乙醇），将TMB母液和底物缓冲液按1∶20的比例稀释，每毫升底

物液加入 0.2 μL 30%H$_2$O$_2$,制成 TMB 溶液,现配现用,注意避光。

⑥终止液:2 mol/L H$_2$SO$_4$溶液。

⑦孕酮标准液和辣根过氧化物酶按说明书进行稀释。

(4)孕酮放射免疫测定溶液的配制。

①孕酮标准品:将孕酮标准品用缓冲液配成不同浓度的标准溶液,用于绘制标准曲线。

②^{125}I-孕酮:根据试剂盒说明书进行操作。

③孕酮抗血清:根据稀释曲线来选择适当的稀释度,一般以结合率为 50%来作为抗血清的稀释度。

④分离剂:一般选用2%加膜活性炭溶液,具体配制方法为 2 g 活性炭、0.2 g 右旋糖酐-20,加 0.1 mol/L PBS 至 100 mL,电磁搅拌 1 h 后置于冰箱备用。

⑤缓冲液:按试剂盒说明书进行操作。

【实验内容及方法】

一、孕酮酶免疫测定

(1)包被抗体:根据说明书用包被液稀释孕酮抗体,稀释后,100 μL/孔,4 ℃过夜。

(2)洗涤:倒掉包被孔中的液体,加 300 μL/孔左右的洗涤液,静置 5 min 后在吸水纸上拍干,重复3次。

(3)封闭:加入封闭液(200 μL/孔),37 ℃反应 1 h。

(4)洗涤:重复步骤(2)。

(5)加入孕酮标准液和乳样、血样:取 50 μL 梯度稀释的标准液或待测样品(乳液和血液),加入酶标孔内,并以孕酮浓度为 0 ng/mL 作为空白对照,37 ℃反应 1h。

(6)洗涤:重复步骤(2)。

(7)加酶标记孕酮:加辣根过氧化物酶标记的孕酮,100 μL/孔,37 ℃反应 1 h。

(8)洗涤:重复步骤(2)。

(9)加底物液显色:加现配的 TMB 底物液,100 μL/孔,37 ℃避光显色 25 min 左右。

(10)加终止液:50 μL/孔。

(11)用酶标仪读取 OD 值:在 450 nm 波长下,测定各孔 OD 值,并以孕酮浓度为 0 ng/mL 的空白对照矫正酶标仪的测定结果。以孕酮标准液浓度为横坐标,所对应的 OD 值为纵坐标绘制标准曲线。根据待测样的 OD 值,从标准曲线中查找对应浓度,每个样品重复 3次,计算平均值。

二、孕酮放射免疫测定

(1)加样:按管号(表3-1)分别加入各浓度的孕酮标准液$B_0 \sim B_6$(0 ng/mL、0.1 ng/mL、0.5 ng/mL、2.0 ng/mL、10 ng/mL、30 ng/mL、150 ng/mL)、样品、孕酮抗血清、^{125}I-孕酮和缓冲液(或双蒸水)(单位μL,总体积500 μL)。

表3-1 孕酮放射免疫测定加样顺序

项目	T	NSB	B_0	$B_1 \sim B_6$	血样	乳样
管号	1	2	3	4~9	10	11
孕酮标准液/μL	–	–	100	100	–	–
样品/μL	–	–	–	–	100	100
孕酮抗血清/μL	–	–	200	200	200	200
^{125}I-孕酮溶液/μL	200	200	200	200	200	200
缓冲液/μL	–	300	–	–	–	–

注:"–"表示此项无添加。

(2)孵育:4 ℃放置24 h。

(3)分离与抗原抗体结合的B和游离的F标记物:每管加入500 μL分离剂,室温放置15 min后离心15 min,吸弃上清液,测各管沉淀物的每分钟计数值(CPM)。

(4)结果计算:T–F–NSB=B,T为标记抗原的总的每分钟计数值,F为未与抗体结合游离标记抗原的每分钟计数值,NSB为非特异结合(如黏附在试管壁的标记抗原及离心分离不彻底的标记抗原)的每分钟计数值。用此公式分别计算标准管与样品管中标记抗原抗体复合物(B)的每分钟计数值及这些值与零标准管结合物(B_0)的比值($B/B_0 \times 100\%$)。在半对数纸上,以标准管B/B_0值为纵坐标,各标准管标准物含量为横坐标来绘制标准曲线。依据样品$B/B_0 \times 100\%$从标准曲线中找到被测样品抗原的含量,最后换算成每毫升血样或乳样含孕酮的含量。

【结果分析与判断】

(1)绘制标准曲线,计算孕酮酶免疫测定结果(表3-2),并进行分析。

表3-2 孕酮酶免疫测定结果

组别	重复1 (ng/mL)	重复2 (ng/mL)	重复3 (ng/mL)	准确率	批间变异系数	批内变异系数
血样						
乳样						

(2)绘制标准曲线,计算孕酮放射免疫测定结果(表3-3),并进行分析。

表3-3 孕酮放射免疫测定结果

组别	重复1 (ng/mL)	重复2 (ng/mL)	重复3 (ng/mL)	准确率	批间变异系数	批内变异系数
血样						
乳样						

(3)比较孕酮酶免疫测定与放射免疫测定结果,并分析其原因。

【注意事项】

1.孕酮酶免疫测定

(1)对照的设定:测定血液或乳汁激素时,要用不含孕酮的样品作为空白对照。

(2)包被浓度的控制:包被物的最佳包被浓度常用方阵法来确定,一般控制在1~100 μg/mL。

(3)样品处理:低温或冷冻保存的样品需提前平衡至室温方可测定。

(4)免疫反应时间的控制:封闭时间一般为1~2 h,抗原与抗体结合反应的时间一般采用37 ℃反应1~2 h,酶促反应的时间一般在20 min到1 h,TMB显色的时间一般在15~30 min。

(5)避免液体蒸发:在孵育时应用塑料贴封纸板或保鲜膜覆盖酶标板,且多个酶标板不要叠放,并在记录本上准确记录酶标板上每孔加的样品名字。

2.孕酮放射免疫测定

(1)专门实验室中操作:放射免疫测定对放射防护的要求高,必须在专门并具备放射废物处理的实验室进行。

(2)增强放射免疫测定规范操作及自我防护的意识:严格按照放射卫生防护条例进行操作,并定期接受放射免疫操作培训,同时加强放射监控。

(3)防止溶液飞溅和溢出:在打开标记物冻干品时需先将瓶塞开一小口,待瓶内外大气压平衡后再打开瓶塞。

【复习思考题】

(1)酶免疫测定和放射免疫测定方法的优缺点分别是什么?

(2)影响酶免疫测定结果准确性的因素有哪些?

(3)影响放射免疫测定结果准确性的因素有哪些?

【拓展学习】

1.相关研究文献

(1)李婵. 雌性秦岭大熊猫尿液中类固醇激素 ELISA 试剂盒的研发及应用[D]. 杨凌:西北农林科技大学, 2019.

(2)白云. 奶牛四种妊娠诊断方法与结果的比较[D]. 石河子:石河子大学, 2013.

(3)Ahmad Sheikh A, Kanwar Hooda OM, Kumar Dang A. Development of enzyme-linked immunosorbent assay for early pregnancy diagnosis in cattle[J]. Animal Reproduction Science. 2018, 197.

(4)Reese ST, Pereira MHC, Edwards JL, et al. Pregnancy diagnosis in cattle using pregnancy associated glycoprotein concentration in circulation at day 24 of gestation[J]. Theriogenology. 2018, 106.

(5)Šuluburić A, Milanović S, Vranješ-Đurić S, et al. Progesterone concentration, pregnancy and calving rate in Simmental dairy cows after oestrus synchronisation and hCG treatment during the early luteal phase[J]. ACTA Veterinaria Hungarica. 2017, 65(3).

(6)Karen A, De Sousa NM, Beckers JF, et al. Comparison of a commercial bovine pregnancy-associated glycoprotein ELISA test and a pregnancy-associated glycoprotein radioimmunoassay (radioimmunoassay?) test for early pregnancy diagnosis in dairy cattle[J]. Animal Reproduction Science. 2015, 159.

2.知识拓展

案例:

普通动物早期妊娠诊断常通过 ELISA 或放射免疫检测血液、乳样或粪便代谢物中的孕酮、干扰素刺激的 15 kDa 蛋白(ISG15)等来判断,用超声波检查和直肠触诊来确诊母牛妊娠与否。而人等灵长类动物早期妊娠诊断常通过检测尿液、血液中的人绒毛膜促性腺激素来判断。

问题:

(1)为什么普通动物早期妊娠诊断常通过检测孕酮来判断,而人等灵长类动物常通过检测 HCG 来判断?

(2)检测人等灵长类动物尿液或血液中 HCG 的方法是什么?具体的操作程序是什么?结果如何判读?

(3)用胶体金检测 HCG 时,为什么必须使用3种抗体? 它们的作用分别是什么?

(4)能否用 HCG 胶体金检测试纸条对猪、牛和羊等非灵长类动物进行妊娠诊断?

人工授精器材的识别与假阴道的安装

【案例及问题】

案例：

人工授精（Artificial Insemination，AI）是以人工的方法采集雄性动物的原精液，经检验、稀释、分装等过程，制作成一种可以用于输精的精液制品，然后将这种精液制品在雌性动物发情期输入到雌性动物生殖道的特定部位，以代替雌、雄动物自然交配而繁殖后代的一种技术。1780年，意大利科学家司拜伦瑾尼（Spallanzani）用狗为实验动物首次完成了人工授精。但是，直到20世纪初，才开始在家畜上开展人工授精技术研究，人们随后逐渐认识到此技术的价值，首先在马身上获得成功，然后在牛、羊身上获得成功。20世纪30年代，开始形成了一套比较完善的人工授精操作方法，并推广应用。1950年代，英国科学家Smith和Polge发现了甘油的抗冻作用，成功研制出了牛的冷冻精液，极大地推动了动物人工授精技术的发展。到1970年代，在世界发达国家中人工授精技术已经大规模地应用到畜牧生产中，尤其是在奶牛上。1993年英国利用流式细胞仪成功分离牛精子，开始了性别控制精液的研究，并在1999年利用性控冷冻精液成功获得性控后代。2000年英国Cogent公司开始进行性控冷冻精液的商业化运作。人工授精技术的发展使全世界畜牧生产获得了极大的经济效益，并提高了生产效率。

问题：

（1）人工授精技术有哪些优点？

（2）人工授精技术在生产中具有什么重要意义？

【目的及要求】

（1）了解和认识动物人工授精技术所涉及的器材和用具。

（2）了解各种人工授精器材的基本构造和基本使用方法。

（3）熟练掌握牛用假阴道的安装调试。

【实验原理】

人工授精技术是现代畜牧生产中最常用的技术,包括采精、精液品质检测、精液稀释处理、精液保存运输、母畜发情鉴定、母畜人工输精等多个技术程序,其中涉及多种简单或复杂的器材。只有了解、认识,并正确熟练使用这些器材,才能将人工授精技术的优越性发挥到最大,才能提高动物繁殖效率,为畜牧生产提供强大的支撑,创造更高的经济效益。

【实验材料】

假阴道、精子密度仪、血细胞计数板、显微镜、恒温台、阴道开张(腔)器、输精枪等。

【实验内容及方法】

一、采精器材

1.假阴道

假阴道(图4-1)是一种人工模拟雌性动物的阴道环境,对雄性动物阴茎给予相应刺激,从而采集精液的装置,主要由外壳、内胎、集精杯等组成。外壳通常用黑色的硬质橡胶或者塑料制作,内胎用柔软的优质橡胶制作,集精杯通常用玻璃制作。安装好的假阴道需要满足三大要素:温度、压力、润滑。

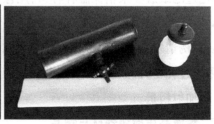

A.牛用假阴道　B.羊用假阴道

图4-1　假阴道

2.假母猪台

假母猪台是一种对公猪采精时供公猪爬跨,便于引起公猪性欲并顺利采得精液的装置。通常采用坚固耐用的金属构件制作,底座一般固定在采精室内,通过旋转手轮可以调节假母猪台斜面角度和高度,斜面上包裹缓冲海绵,海绵表面再覆盖耐磨帆布。为了防止公猪在爬跨时意外摔倒,通常会在假母猪台后方铺垫一块防滑橡胶垫。

3.公猪诱情剂

在距离种公猪鼻端20~30 cm处,连续喷3次,同时对假台畜喷2次,如此来刺激种公猪的性欲,让公猪能迅速地勃起并爬跨假台畜。

4.猪用精液过滤纸

猪用精液过滤纸通常采用优质水刺无纺布制作而成,材质安全无毒性,规格多为20 cm×20 cm的方形,网孔均匀,能有效过滤掉公猪新鲜精液中的胶状物质,在生产车间进行无菌消毒处理,使用时直接蒙在保温杯口,并用橡皮筋固定好。

5.猪用采精袋

猪用采精袋通常采用优质PVC材质制作而成,在生产时经过灭菌处理后无菌包装,内壁光滑无皱褶,对精子无毒害无损伤。采精前将其套在采精保温杯内,用于盛装精液,一次性使用,避免了对精液的污染。

6.兽用采精专用手套

兽用采精专用手套采用优质乳胶制作而成,无粉无尘,对精子无毒害作用,同时能有效地隔离细菌,防止污染,通常生产时进行了灭菌处理,然后采用抽湿纸巾包装盒方式进行包装,每次抽取一只,不影响纸盒内剩余手套,保证了干净无菌。

7.(猪用)采精保温杯

(猪用)采精保温杯通常采用双层不锈钢内胆,使用时保温效果好,更耐摔耐用,容积要求大于500 mL。使用时,清洗干净,冬季寒冷时可以先用热水温热内胆,然后套上采精袋,再把过滤纸放在采精保温杯杯口,用橡皮筋固定,盖好杯盖,采精备用。

8.公猪诱情发声器

公猪诱情发声器是模拟发情母猪的叫声,通过声音来刺激公猪的性欲。在每次采精前和采精过程中,播放给公猪听,从听觉上提高公猪性欲和采精快感,使公猪采精过程更温顺,增加射精量。

二、精液品质检测器材与物品

1.精子密度仪

市场上常见的兽用精子密度仪是利用精液的透光性能与精子密度之间的关系来测量精液中的精子密度的。精子透光性能越差,其密度越大;反之,其密度越小。利用精子密度仪检测,准确率为90%以上,优点是操作简单、检测快速,非常适合牧场生产。

德国米尼图SDM1动物精子密度仪使用方法(图4-2):

（1）校正：把空的检测片架向右旋转1/8，2秒后屏幕显示"Turn back the cuvette holder"，然后显示"Put blank cuvette in meas.position"，再将一个已注入蒸馏水的检测片放在检测架上进行测试，即可完成校正。每次使用完后，仪器可以自动调零，因此不需要反复校正。

（2）用移液器将精液样品滴入检测片上（通常无须稀释精液），注意不能有空气泡沫注入。如有精液沾染在检测片外边，应立即用绵纸擦拭，以免影响检测的准确性。

（3）将进样后的检测片放入密度仪的检测片架上。

（4）逆时针旋转检测片架，直至检测片到达检测位置。

（5）检测过程自动快速完成，精子密度在屏幕上以"$\times 10^6$个/mL"显示结果。

（6）如果屏幕显示"XX"，则说明精液精子密度过高（超过1.5×10^9个/mL），那么需要将原精液用生理盐水以1∶4~1∶2比例先进行稀释，然后测量，最后结果计算时需要考虑稀释倍数的因素。

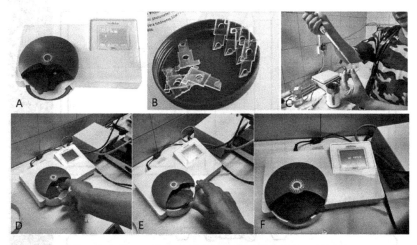

A.校正密度仪　　B.精液检测片　　C.将精液样品加入检测片上
D.将检测片放入检测片架　E.旋转检测片至检测位置　F.读取精子密度

图4-2　德国米尼图动物精子密度仪使用方法

2.血细胞计数板（血球计数板）

按照国家标准检测精液精子密度必须用到血细胞计数板。

（1）血细胞计数板的构造：血细胞计数板有两种规格，一种是25×16型（汤麦式，标识为XB-K-25）（图4-3），另一种是16×25型（希利格式）。汤麦式血细胞计数板的每个计数室有25个中方格，每个中方格又分为16个小方格；而希利格式血细胞计数板每个计数室有16个中方格，每个中方格又分为25个小方格。所以，两种规格的血细胞计数板的计数室都有400个小方格，即体积为0.1 mm³的计数室被平均分为400个小格。

图4-3 汤麦式血球计数板与计数器

血细胞计数板是一块特制的厚型载玻片,有4个凹槽口,中间部分被一"H"形凹槽分成上、下两个相同的计数平台,每个平台中有长、宽各3 mm的计数区域,平均分为9个大方格。计数室(指中央的一个大方格,下同)的长和宽各是1 mm,计数板上标识的"0.1 mm"是指计数室的高度(图4-4)。所以,计数室体积为1 mm×1 mm×0.1 mm=0.1 mm³=10⁻⁴ mL。

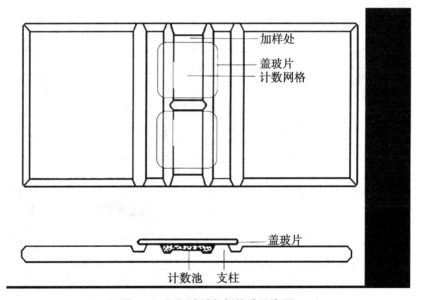

图4-4 血细胞计数板构造示意图

在显微镜下,可以观察到计数室及其周围被许多线条规则地分隔成许多小室。计数板上的线条分为单线和双线两种,双线区分不同中方格,每一中方格四周的线都是双线,计数室与周围区域的区分线也是双线;单线用于区分小方格。计数室内的单线和双线向外延伸,因此计数室外的线也可分为单线和双线两种。计数室周围的线并非只是起引导作用,与计数室4个顶点相邻的4个大方格,其内只有中方格而无小方格,这4个区域可用于体积较大的单细胞计数(如白细胞等)。

(2)细胞计数原理:由于计数室内有400个小方格,如果对所有小方格进行细胞计数,因视野所限,不易操作,容易造成较大误差,所以一般采用定点取样计数。

不同规格的血细胞计数板取样点不同,汤麦式血细胞计数板计数室中有25个中方格,则取计数室4个角和中央,共5个中方格进行观察计数;而希利格式血细胞计数板的计数室中有16个中方格,则取计数室4个角的中方格进行观察计数。对于压在方格界线上的细胞应当计相邻两边及其夹角上的细胞数,再加上中方格内的细胞数,作为该中方格的细胞总数。如果一个方格内细胞数过多,难以数清,应当再对样品进行适当稀释,一般以每个小方格内分布4~5个细胞为宜。如果统计的每个中方格内的细胞数目相互之间相差20个以上,表示细胞分布不均,必须将样品摇匀后重新计数。

(3)不同规格的血细胞计数板计算细胞密度的方式如下。

汤麦式血细胞计数板:

　　　　细胞密度(个/mL)=5个中方格中细胞总数×5×10 000×稀释倍数

希利格式血细胞计数板:

　　　　细胞密度(个/mL)=4个中方格中细胞总数×4×10 000×稀释倍数

(4)血细胞计数板的基本使用方法如下。

稀释样品:用微量移液器吸取样品,用水(或生理盐水、培养液、缓冲液等)进行适当倍数稀释。

寻找计算室:将计数板放置在显微镜下,先低倍镜再高倍镜,找到计算室,然后盖上盖玻片。

加样:用移液器吸取少量稀释后的样品,沿盖玻片的边缘加入样品,让样品液体自然吸入计算室内。

计数细胞:在显微镜下,计算计算室内5个(或者4个)中方格的细胞数量。为了避免计数重复和遗漏,计数时按照"Z"字形观察细胞,对于压在中方格边缘线上的细胞,按照"数上不数下,数左不数右"的原则计数。

清洗计数板:计数板使用完毕,先用清水冲洗干净,切记不能用硬物洗刷计算室部位。再用无水乙醇脱水,使其干燥,放入盒中备用。

3.显微镜

在检查精子活力、精子畸形率、精子密度等项目时常常会用到光学显微镜。光学显微镜包括光学系统和机械装置系统。光学系统主要包括物镜、目镜、反光镜和聚光器4个部件。机械装置系统的作用是固定与调节光学镜头,固定与移动标本等,主要包括镜座、镜臂、载物台、镜筒、物镜转换器与调焦装置。

畜牧生产中,为了便于观察,可以购买带有显示屏的光学显微镜。

4.数显恒温载物台(板)

检测精子活力时,为了保持测定时精子的温度稳定在37~39 ℃,通常会在显微镜载物台上放置一个恒温板,然后再将滴加了样品的载玻片放置在恒温板上。数显恒温载物板通常采用铝合金制作,采用电子电路温控器将温度控制在±0.5 ℃之间。

三、精液稀释器材与物品

1.猪用精液稀释粉

生产厂商根据公猪精液保存的要求,将配制稀释液的各种成分混合在一起,无菌处理后进行隔热防潮包装。需要配制精液稀释液时,按照说明书,将稀释粉用适量的蒸馏水溶解,搅拌均匀,然后放置于35~37 ℃水浴锅中静置1 h,使稀释液的pH达到稳定状态。

2.恒温磁力搅拌器

配制稀释液时,可以使用恒温磁力搅拌器来将稀释液搅拌均匀。

四、发情鉴定物品

1.兽用记号蜡笔

记号蜡笔用于在发情母畜的皮毛上做明显标记,通常采用高纯石蜡原料制作,颜色鲜艳持久,水溶性,易擦洗,对动物无毒无味。

2.阴道开张器(牛用、羊用)

阴道开张器(牛用,羊用)(图4-5)用于打开母畜(母牛、母羊)的阴道,便于观察其阴道和子宫颈口变化。通常采用轻质的碳钢制作,圆头设计,外壁光滑,以避免损伤母畜阴道黏膜,手柄处设计有锯齿,用于打开阴道开张器后固定开口。

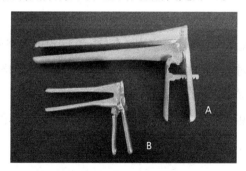

A.牛用阴道开张器　B.羊用阴道开张器
图4-5 阴道开张器

阴道开张器的使用方法:

(1)清洗消毒。先用清水将阴道开张器清洗干净,再用消毒液[2%新洁尔灭(质量分数,同类的后同)、75%酒精(体积分数,同类的后同)、10%福尔马林(体积分数,同类的后同)]浸泡消毒,然后用蒸馏水将消毒液冲洗干净。

(2)润滑。在阴道开张器的前端涂抹适量润滑剂(如:灭菌石蜡油)。

(3)插入开张器。检查者站立于母畜的左后侧,右手持开张器,左手的拇指和食指将母畜的阴唇分开,右手将合拢的开张器侧向微微向上送入母畜阴道,待开张器大部分插入阴道后,轻轻旋转开张器至正立方向,最后压拢两手柄,使开张器完全张开,以便于观察阴道和子宫颈变化。

(4)取出开张器。检查完毕,稍稍合拢开张器,再缓慢地抽出,注意不能将开张器完全闭合,以免夹伤母畜阴道黏膜。

(5)清洗消毒。使用完毕,将阴道开张器清洗消毒,干燥后存放好。

3.内窥镜(牛用、羊用)

内窥镜常常用于动物的发情鉴定、直肠检查、难产检查、阴道检查等。内窥镜管壁采用医用级不锈钢材质制作,电池盒采用铝合金材质制作。

内窥镜在使用前要先用消毒液对管壁部分消毒,再用蒸馏水将消毒液冲洗干净,然后在前端涂抹适量润滑剂。操作者用左手分开母畜阴门,右手持内窥镜缓缓插入阴道,再打开电源开关,进行观察。使用完毕,及时将内窥镜清洗干净,卸下灯座、电池等部件,如果长期不用,则要涂抹少量凡士林(防止管壁氧化)后存放。

4.兽用排卵测定仪

兽用排卵测定仪是通过检测动物阴道黏液的电阻变化来判断动物排卵时间的仪器。其使用方便,检测结果比较准确,适用于畜牧生产。

(1)排卵测定仪的组成:排卵测定仪主要由3个部分组成——探头、数码显示屏、手柄(含有电池)。在探头的顶端有两个平行的电极,用于测量阴道黏液的电阻值,通过两个电极的电流和此微量电流所产生的电场对动物和人都是无害的。测定仪由化学稳定性和绝缘性良好的聚乙烯制成,整个仪器都是防水的,可以清洗。

(2)排卵测定仪的原理:在发情周期的不同阶段,母畜阴道黏液的电阻值变化明显,通常,越靠近排卵期,电阻越小,排卵期过后,电阻慢慢升高。需要注意的是:由于动物个体的差异,排卵时每头母畜的阴道黏液电阻值不会呈现相同的数值,因此,实际操作中需要对每头母畜发情周期的不同阶段进行监控,掌握每头母畜的变化规律,尽可能地保证判断的准确性。

(3)排卵测定仪的使用方法:消毒探头——先用清水将探杆冲洗干净,再用75%酒精擦拭消毒,然后用无菌的蒸馏水将酒精冲洗干净;清洗外阴——用清水和消毒液清洗消毒母畜的外阴;插入探头——分开母畜的外阴,小心地插入探头(一般探头插入3/4左右),然后轻轻旋转探头2~3个半圈;测定——打开测定仪,待显示屏的数值稳定2 s后,再读取结果;清洗存放——取出探头,清洗消毒后存放。

5.母猪诱情剂

在母猪鼻端20~30 cm处,喷诱情剂1~2次,然后对母猪进行压背测试,观察是否出现静立反射,以此来鉴别母猪发情状态。

五、输精器材与物品

1.猪用精液瓶(精液袋)

精液瓶(猪用)(图4-6)采用低密度聚乙烯(LDPE)材质热塑成型,无毒无害,耐撕裂、耐寒热。目前市场上常见的规格有40 mL、60 mL、80 mL、100 mL,可选用不同颜色的瓶盖来区分,避免混淆。输精时,先折断瓶盖上导管前端的蝶形头,连接输精器;输完精液后,将输精管末端连接到瓶盖上的堵头,防止精液倒流。

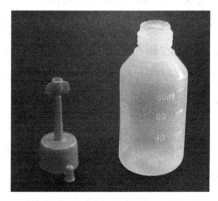

图4-6 猪用精液瓶

目前为了降低生产成本,开始使用更加便宜的精液袋。精液袋采用安全无毒的PE材质制作而成,精液袋柔软扁平,有利于精液的保存与运输。精液袋需要使用专门的分装瓶来灌注精液。

2.猪用输精管

猪用输精管(图4-7)采用PP(聚丙烯)材质制作管身部分,采用EVA(乙烯-醋酸乙烯共聚物)材质制作前端海绵头,全长通常为50 cm左右,管身耐弯曲,海绵头柔软不伤害母猪阴道和子宫。海绵头有3种形状和规格,分别用于初产母猪、后备母猪和经产母猪。输精管在出厂前经过灭菌处理,然后单支薄膜包装,每次使用取出一支,一次性使用,这样有效地防止了母猪内生殖器被感染。

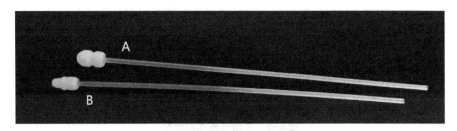

A.经产母猪使用　B.后备母猪使用
图4-7　猪用输精管

3.母猪输精架(夹)

由于母猪的输精时间较长,为了提高生产效率和受胎率,在母猪输精时,可采用输精夹夹在母猪的后腰部,将精液瓶放置在夹子的尾部(母猪的尾根上方),让精液自然而缓缓地被吸入母猪子宫内,防止精液倒流。

4.人工授精专用润滑剂

人工授精专用润滑剂(图4-8)通常是水溶性凝胶,输精时在输精管前端涂抹适量,可有效地增加润滑程度,帮助输精管(枪)顺利插入母畜的阴道,保护母畜的子宫和阴道。

图4-8　人工授精专用润滑剂

5.长臂手套

长臂手套主要用于大动物(牛、马等)的直肠检查、直肠把握子宫颈输精、妊娠诊断等操作中,可有效地预防人、畜疾病交叉感染。长臂手套要求耐撕裂、耐拉扯,弹性较好,不易穿破,不漏水。

6.牛用输精枪

牛用输精枪采用不锈钢材质制作,长度一般为45.5 cm,目前市面上使用较多的是:卡苏式输精枪(图4-9)、卡簧式输精枪、蒋氏Ⅰ型输精枪、蒋氏Ⅲ型输精枪。输精枪在每次使用前,必须先用75%酒精消毒,再安装好解冻后的冻精细管,然后套上一次性保护套。

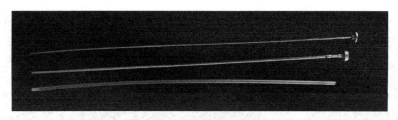

图4-9　牛用卡苏式输精枪

目前,生产中有部分牛场开始使用一种新型的带可视辅助的牛可视输精枪。牛可视输精枪前端有微型镜头,后接显示屏,可以观察到母牛子宫颈,配合特制加长的输精针,可以在可视的状态下,将精液输入母牛子宫内。

7.羊用输精器

羊用输精器(图4-10)主要有两种:冷冻精液输精枪和鲜精输精针。冷冻精液输精枪一般长度为28 cm,主要用于冷冻精液的输精;鲜精输精针一般长度为23 cm,主要用于新鲜精液稀释后输精。市场上还有PVC(聚氯乙烯)材质制作的一次性输精管,通常采用单支独立灭菌包装,使用时配合一次性注射器,保证了无污染。

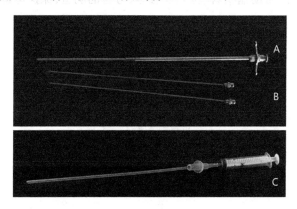

A.冷冻精液输精枪　B.鲜精输精针　C.一次性输精管
图4-10　羊用输精器

8.鸡用输精器

传统的鸡用输精器采用的是胶头滴管,操作简单,容易清洗,经过灭菌后可以长期反复使用,要求管口圆滑不损伤母鸡生殖道。生产中为了方便和提高输精效率,可以使用连续输精器,调整好每只母鸡的输精剂量,可以连续输精多只母鸡。

9.兔用输精枪

兔用输精枪以不锈钢为主要制作材质,可以连续为多只母兔输精,为了防止互相感染和损伤母兔阴道黏膜,通常会在不锈钢输精枪前端套上塑料保护管。

六、精液保存和运输器材与物品

1.猪精液恒温冰箱

猪精液恒温冰箱主要有两种,一种为固定式冰箱(配备有智能温控仪),一种为便携式车载恒温冰箱,两种都可以将温度恒定在17℃。存放在恒温冰箱中的公猪精液,需要每隔12 h轻轻摇匀一次,防止精子沉淀到底部。

2.液氮罐

液氮罐的全称是液氮生物容器,主要用于冷冻精液的保存与运输。液氮罐是比较精密的容器,它主要靠保持真空和减少导热来维持其超低温冷藏功能。

目前,市面上的液氮罐主要有4种类型:便携式、储存式、运输式、大口径式。其基本构造相同,包括:外壳、内胆、夹层、颈管、内槽、罐盖、提筒等。

(1)外壳、内胆:液氮罐的外壳和内胆通常采用铝合金制作,坚固且质量轻。

(2)夹层:液氮罐内外壳体间的空隙,为高真空状态。在罐身的上方通常有一个真空保护嘴,一般情况下禁止移动保护嘴上的硅胶帽,防止密封不严,造成绝热性能下降。为了增进罐体的高绝热性能,夹层中还装有多种绝热材料和吸附剂。

(3)颈管:颈管是以绝热黏剂将罐内外壳体连接而形成的长管。同时,配有聚氨酯发泡材质的颈塞,隔热耐低温。颈塞四周通常有凹槽,便于固定提筒和将气化的液氮释放出去,防止爆炸。颈口一般设计有凹槽分度盘,方便固定提筒。

(4)内槽:内槽是指液氮罐内胆中的空间。内槽底部有底座,供固定提筒用,液氮、提筒和冻精都置于内槽中。

(5)罐盖:罐盖由绝热性能良好的塑料或聚碳酸酯制成,具有减少液氮蒸发和固定贮精提筒手柄的功能。

(6)提筒:提筒置于罐体内,有漏底和实底两种,漏底的底部有多个小孔,以便液氮渗入其中。提筒用于贮存细管、安瓿及颗粒等各种剂型冻精。

液氮罐的型号表示方式为:YDS-□□-□;YDS分别为"液""氮""生"字的汉语拼音第一个字母大写;第一个方格为数字,表示液氮罐的容积数(单位为:L);第二个方格,标注"B"则说明此款为运输型液氮罐,如未有标注"B",则为储存型液氮罐;第三个方格为数字,表示容器的口径大小(直径,单位为mm),如果液氮罐的口径为50 mm,可以省略标记。

例如:YDS-50B-80,表示容量为50 L的运输型液氮罐,口径为80 mm;YDS-30,表示容量为30 L的储存型液氮罐,口径为标准口径50 mm。

七、假阴道的安装

1.假阴道外壳及内胎的检查

（1）检查假阴道外壳两端是否光滑，外壳是否有裂隙或破损。

（2）检查内胎是否漏水。可将内胎注满水，用两手握紧两端，并扭转内胎施以压力，观察胎壁有无破损漏水之处，如发现应及时修补或更换。

2.清洗

（1）外壳、内胎、集精杯（管）等用具使用前先用温热的质量分数为2%~3%的 Na_2CO_3 溶液或者洗衣粉水清洗，内胎的尘土、油污必须洗净。

（2）再用清水冲洗掉洗液，自然干燥。

3.内胎的安装

将内胎放入外壳，内胎露出外壳两端的长短应相等。而后将其翻转在外壳上，内胎应平整，不应扭曲，再以橡皮圈加以固定（图4-11、4-12）。

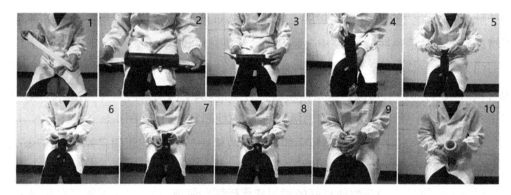

图4-11　假阴道内胎的安装过程

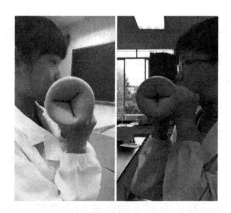

图4-12　安装好的假阴道呈"Y"或"X"形

4.消毒

用长柄镊子夹取75%的酒精棉球擦拭内胎和集精杯,再用纯酒精棉球充分擦拭,放置一段时间待酒精挥发干。采精前,最好用精液稀释液再冲洗内胎和集精杯1~2次。

5.集精杯(管)的安装

集精杯(管)可借助特制的保定套或橡皮漏斗与假阴道外壳连接。

6.注水

通过注水孔向假阴道内、外壁之间注入50~55 ℃温水,使其能在采精时保持38~42 ℃,注水总量约为内胎与外壳间容积的1/3~1/2。

7.涂润滑剂

用消毒好的玻璃棒,取少许灭菌凡士林,均匀地涂于内胎的表面,涂抹深度为假阴道长度的1/2左右,润滑剂不宜过多、过厚,以免混入精液中,降低精液品质。

8.调节假阴道内腔的压力

从注气孔吹入空气,根据不同个体的要求调整内腔压力。

9.假阴道内腔温度的测量

把消毒的温度计插入假阴道内腔,待温度不变时再读数,一般40 ℃左右为宜。

10.防尘

用一块折成4折的消毒纱布盖住假阴道入口,以防灰尘落入,即可准备采精。

【结果分析与判断】

本次实验授课完成后,指导教师可以通过下面两项考核来了解学生的学习效果。

(1)熟练识别常见人工授精器材:将人工授精器材和用具一一陈列,教师随机指向几件器材,请学生说出器材的名称、主要用途和基本的使用方法。教师根据学生回答的正确性和完整性进行考核。

(2)安装牛用假阴道的评分:学生在限定的时间内完成牛用假阴道的安装调试,教师根据完成速度和完成质量对学生的操作技能评判打分。

【注意事项】

(1)在安装调试假阴道前,要求学生修剪自己的指甲,以免指甲过长过尖而戳破假阴道内胎。

(2)在观察学习各种人工授精器材和用具时,要求学生拿取物品能够做到物归原位,方便其他同学的学习。

【复习思考题】

由于现代科技和动物繁殖技术的进步,人工授精器材也在不断更新,请多多关注畜牧博览大会及其产业大会,利用多种信息渠道,了解和学习最新的人工授精技术和相应器材。

【拓展学习】

1.相关研究文献

(1)陈晓畅.关中黑猪精液常温保存与深部输精技术研究[D].杨凌:西北农林科技大学,2016.

(2)牛思凡.猪人工授精技术及人工授精体系建设研究[D].杨凌:西北农林科技大学,2012.

(3)丁志强.定时人工授精及早孕诊断在规模化奶牛场的应用[D].呼和浩特:内蒙古农业大学,2017.

(4)Broekhuijse MLWJ, Feitsma H, Gadella BM. Artificial insemination in pigs: predicting male fertility[J]. Veterinary Quarterly. 2012, 32(3/4).

(5)Rodrigues WB, Silva AS, Silva JCB, et al. Timed artificial insemination plus heat II: gonadorelin injection in cows with low estrus expression scores increased pregnancy in progesterone/estradiol-based protocol[J]. Animal. 2019, 13(10).

2.知识拓展

母猪的深部输精

猪的人工授精技术在世界集约化养猪业得到了广泛应用,极大地推动了现代猪育种业的进步,提高了现代化养猪业的经济效益。常规的猪人工授精技术采用的是子宫颈人工输精(cervical artificial insemination,CAI)法。CAI每次的输精量一般为80 mL,要求30亿~40亿个精子。但是研究表明,CAI输精后,30%~40%的精子会随着精液回流到子宫颈,5%~10%的精子困阻在子宫颈死亡;进入子宫体内的精子,其中60%以上会被子宫体炎性反应所吞噬,从而造成了大量精子被浪费掉。

母猪的深部输精法是在常规输精法的基础上发展起来的,已有了极大技术突破,并且近10年在养猪发达国家得到逐步推广及广泛应用。深部输精法直接将更少的精子输到母猪的子宫体、子宫角或者输卵管内,保证母猪的正常受胎率。深部输精法主要有3种类型:子宫体(子宫颈后)输精法(intrauterine insemination,IUI 或 post-cervical insemination,PCI)、子宫角输精法(deep intrauterine insemination,DUI)和输卵管输精法(intra-oviductal insemination,IOI),其中IUI法是目前在生产中推广最多的。IUI法每次的输精量一般为40 mL,要求10亿~15亿个精子,即可获得理想的受胎率和窝产仔数。

深部输精的方法:

(1)清洗消毒母猪的后躯及外阴部,再用无菌一次性纸巾擦干净。

(2)在深部输精专用输精管的海绵头上涂适量专用润滑剂。

(3)一只手轻轻翻开母猪外阴,另外一只手持输精管,轻轻插入阴道内,并顺时针方向旋转将输精管插入到无法继续深入为止(输精管海绵头处于母猪子宫颈位置),轻轻回拉输精管会感觉被锁住。

(4)将输精长度用定位扣确定好,再缓慢地插入内管,插到定位扣锁住输精管即可。一般经产母猪定位15~17 cm,不同品种的猪其体形大小有差异,具体定位长度需要根据实际情况做适当调整。

(5)将精液瓶插入输精管口,向上倾斜,然后让精液缓缓进入母猪子宫内。

(6)输完精后,逆时针旋转拔出输精管。

深部输精法的注意事项:

(1)后备母猪和初产母猪一般不建议使用深部输精法。

(2)插入内管时,可以适当按压母猪背腰部、抚摸腹部,让母猪放松,更利于顺利插入内管,切记不能强行插入,以免内管在子宫内折叠,损伤母猪子宫,无法输精。

(3)输精过程不宜过快,正常情况下需要2 min左右,尽量将输精管内残留的精液全部输入母猪体内。

(4)输精结束后,拔出输精管时要观察输精管头的颜色,注意是否有出血或者其他异常情况。

深部输精法的优点:

(1)深部输精法能将精液输入到母猪子宫更深的部位,一般不用担心精液的倒流,可提高输精效率。

(2)深部输精法可以将输精剂量减少一半左右,能提高公母猪配比率,能更好地提高优秀种公猪的利用率,减少公猪的饲喂数量,提高经济效益。

(3)深部输精法能更好地结合猪的冷冻精液和性控精液,推动新技术的研究应用。

问题:

(1)母猪深部输精专用输精管与常规输精管的构造有哪些不同?

(2)简要分析一下母猪深部输精法的应用前景。

实验5

雌性大动物生殖器官的直肠检查

【案例及问题】

案例:

早期妊娠诊断对提高大动物(大多数是单胎动物)繁殖率和经济效益起着重要作用。大动物早期妊娠诊断的方法有孕酮放射免疫测定法、孕酮酶免疫测定法、直肠检查法、超声波法、硫酸铜法和血清酸滴定法等。某奶牛场采用放射免疫法测定乳汁孕酮、酶免疫测定乳汁孕酮和直肠检查3种方法对配种后22 d的母牛进行早期妊娠诊断,并采用直肠检查法在配种后65 d进行验证,结果显示:放射免疫测定法、酶免疫测定法和直肠检查法检测配种后母牛妊娠的准确率分别是90%、88%和98%。

问题:

(1)在奶牛早期妊娠诊断中,为什么直肠检查法准确率高于放射免疫测定法和酶免疫测定法?

(2)大动物直肠检查的主要生殖器官有哪些? 操作步骤是什么?

【目的及要求】

(1)熟悉母牛(奶牛、黄牛、水牛或牦牛)、母马(驴)等大动物卵巢、子宫颈、子宫角的形状、大小、质地和自然位置。

(2)掌握雌性大动物生殖器官直肠检查的原理和操作方法,为后续动物发情鉴定、妊娠诊断、人工授精、生殖疾病监测和胚胎移植等提供技术支持。

【实验原理】

动物直肠与生殖道相邻,经消毒,戴手套和涂润滑剂后,将手伸入直肠,通过直肠壁感受生殖器官如子宫颈、子宫角、卵巢等的变化,可了解母畜的繁殖状态。奶牛、黄牛、水牛、牦牛、马、驴等大动物直肠较粗,人的手可直接伸入进行触摸,对动物直肠几乎没有损伤,常用此方法进行大动物发情鉴定、妊娠诊断、直肠把握子宫颈输精、生殖疾病监测和非手术法采胚、移胚等。山羊、绵羊和猪等中小型动物由于直肠直径较小,不便于将手伸入直肠进行触摸,常借助触诊棒感受生殖道变化来判断动物是否妊娠。鸡、鸭、鹅等小型动物因泄殖腔直径较小,只能伸入手指检查产蛋时期。

【实验材料】

1.实验动物

母牛或母马若干头。

2.实验试剂与器材

新洁尔灭、温水、长臂手套、搪瓷盆、塑料盆、肥皂、毛巾和润滑剂等。

【实验内容及方法】

一、直肠检查前的准备工作

1.母畜准备

母畜在检查前禁食半天或临检查前用温水灌肠,减少胃肠内容物以便于直肠检查。将被检母畜保定于二柱栏或六柱栏内,必要时可以用鼻捻子进行保定,防止其卧倒或跳跃。马属动物的保定需要加肩绳和腹绳。保定后,应将母畜尾巴后面两根柱子间的绳子或管子去掉,防止在检测时母畜卧倒造成检测人员手臂骨折或受伤。将母畜的尾巴拉向一侧,先用温水清洗干净母畜肛门及外阴部,再用质量分数为0.1%的高锰酸钾溶液或者1%的煤酚皂溶液进行消毒,最后用灭菌纱布或毛巾擦干。

2.操作者准备

检查人剪去指甲并磨钝,以防损伤母畜直肠壁,再戴上兽用长臂手套,手套前端涂抹液体石蜡油以滑润。同时要熟悉母畜生殖器官相对于直肠的位置(图5-1),以增加触摸的成功率。

二、母牛生殖器官直肠检查

(1)检查者站于母牛正后方(图5-2),五指并拢呈锥形(或楔状),轻轻旋转并进入母牛肛门,缓缓向里推进。

(2)手伸入直肠后,如有宿粪可用手指扩张肛门,使空气进入,促使宿粪排出,如未排出,可用手轻轻地少量而多次地掏出,以排尽宿粪。掏取粪便后,应当再次将手臂涂以润滑剂,伸入直肠。

（3）当母牛出现强烈努责，将手臂向外推时，手臂应稍用力向前，切忌用力硬推，否则易造成肠壁穿孔。同时用另一只手或助手协助掐捏、轻压母畜背腰部或抚摸阴蒂以减少其努责。

（4）手伸入直肠达骨盆腔中部时，将手掌展平向下压肠壁，可触摸到一个坚实、纵向似棒状的肉体即为子宫颈，用拇指、中指和无名指握住子宫颈。

（5）沿子宫颈向前触摸，将子宫颈和子宫体抓入手内，手掌向下，拇指位于子宫下方，在子宫体的前下方有一纵行的凹沟，即子宫间沟。

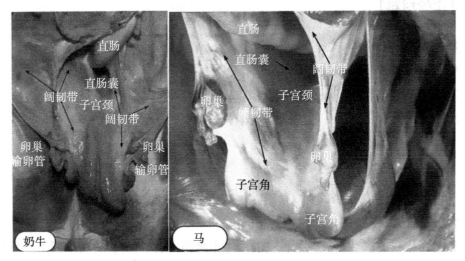

图5-1 奶牛和马生殖器官相对于直肠的位置图

（改自 *Pathways to Pregnancy and Parturition*，*3rd Edition*，P.L. Senger，2012）

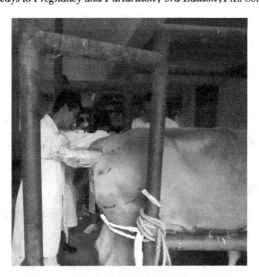

图5-2 母牛直肠检查操作（刘耘 供图）

（6）沿着子宫间沟向前触摸，可摸到分叉的圆柱状即为一对子宫角，沿子宫角大弯向外侧下行,即可摸到呈扁圆形、柔软而有弹性的卵巢。

(7)找到卵巢后,将卵巢置于手掌中并用手指沿着整个卵巢表面进行卵泡和黄体的触诊。卵泡一般是柔软、充满液体的结构,触诊时指端要周期性地施加压力,以便寻找卵泡。黄体较硬实,常突出于卵巢表面。

三、母马(驴)生殖器官直肠检查

(1)检查者站于母马(驴)侧后方,五指并拢呈锥形(或楔状),轻轻旋转并进入母马肛门,缓缓向里推进。

(2)手伸入直肠后,如有宿粪可用手指扩张肛门,使空气进入,促使宿粪排出,如未排出,可用手轻轻地少量而多次地掏出,以排尽宿粪。在掏取马(驴)结肠环(俗称玉女关)内粪球时,结肠常常收缩很紧,切勿硬掏,以免戳破或戳伤肠壁。掏取粪便后,应当再次将手臂涂以润滑剂,伸入直肠。

(3)当母马(驴)出现强烈努责,将手臂向外推时,手臂应稍用力向前,切忌用力硬推,否则易造成肠壁穿孔。同时用另一只手或助手协助掐捏、轻压母畜背腰部或抚摸阴蒂以减少其努责。

(4)手伸入直肠达骨盆腔中部时,将手掌展平向下压肠壁,可触摸到一个坚实、纵向似棒状的肉体即为子宫颈,用拇指、中指和无名指握住子宫颈。

(5)将子宫颈和子宫体抓入手内,手掌向下,拇指位于子宫下方,向前触摸,可摸到如同韧带感觉的子宫分叉处,手指沿着两侧子宫角向前上方移动,在子宫角尖端外侧上方即可摸到呈肾形、柔软而有弹性的卵巢(注意区分卵巢和粪球)。

(6)找到卵巢后,将卵巢置于手掌中并用手指沿着整个卵巢表面进行卵泡和黄体的触诊。卵泡一般是柔软、充满液体的结构,触诊时指端要周期性地施加压力,以便寻找卵泡。黄体较硬实,常突出于卵巢表面。

【结果分析与判断】

(1)分别将母牛和母马生殖器官直肠检查结果填入表5-1和表5-2中。

表5-1 母牛生殖器官直肠检查结果

	子宫颈	子宫角	卵巢	卵泡	黄体
形状					
大小					
质地					
自然位置					

表5-2 母马生殖器官直肠检查结果

	子宫颈	子宫角	卵巢	卵泡	黄体
形状					
大小					
质地					
自然位置					

(2)绘图说明并分析母牛、母马(驴)子宫颈、子宫角和卵巢的生殖状态。

(3)谈谈对雌性大动物进行直肠检查的体会。

【注意事项】

(1)操作人员必须戴手套操作,一方面是保护操作员本人,以防止感染人畜共患病,另一方面保护动物,以免损伤直肠。

(2)操作过程中要善待动物,尽量保持动作轻柔,避免动物受到惊吓,触摸时用手指肚触摸,避免用手指抠和揪等动作。

(3)排气。检查过程中直肠可能会进入较多空气,导致直肠像气球一样向外膨胀,这时可用手抓住直肠皱襞缓慢向肛门移动以排出空气。

(4)检查母马(驴)右卵巢时用左手臂进行,检测左卵巢时用右手臂进行,以防损伤肠壁或撕裂韧带。

(5)在直肠内长时间触摸不到目的生殖器官时,应将手臂取出间隔一段时间后再进行操作。如发现手套上有血迹,一般灌注质量分数为3%的明矾水500~1 000 mL,或涂以甘油、碘或磺胺粉于创面上。

(6)检查完毕后,要用消毒剂洗涤消毒手臂。

【复习思考题】

(1)母马和母牛直肠检查有哪些异同点?

(2)直肠检查时为什么操作者必须站在牛的正后方,而站在马的侧后方?

(3)为什么触摸牛卵巢时须沿着子宫角向两侧下方寻找,而触摸马卵巢时,须沿着子宫角向两侧上方寻找?

【拓展学习】

1.相关研究文献

(1)齐裕龙.奶牛卵巢囊肿的临床表现、直肠检查及综合防治措施[J].现代畜牧科技,2019(7).

(2)刘东洋,苏安师.直肠检查法的运用[J].中国畜牧业,2017(1).

(3)Bond RL,Midla LT,Gordon ED,et al. Effect of student transrectal palpation on early pregnancy loss in dairy cattle[J]. Journal of Dairy Science. 2019,102(10).

(4)Garmo RT,Refsdal AO,Karlberg K,et al. Pregnancy incidence in Norwegian red cows using nonreturn to estrus,rectal palpation,pregnancy-associated glycoproteins,and progesterone[J]. Journal of Dairy Science. 2008,91(8).

2.知识拓展

通过直肠检查大动物生殖器官如子宫颈、子宫角、卵巢等的变化,可对大动物进行妊娠诊断。此外,还可通过髂内动脉—子宫动脉触摸法判定母牛是否妊娠,通过髂外动脉—子宫动脉触摸方法来判定母马(驴)是否妊娠。

(1)母牛髂内动脉—子宫动脉触摸方法:将手臂戴上长臂手套伸入母牛直肠,手掌心向上,中指紧贴着荐椎体向前移行到最后一个腰椎,感到一向下的凸起,即为岬部。从岬部沿着腰椎体向前移行约2 cm处,有一对腹主动脉最后的分支,沿着骨盆腔向后侧方延伸,即为髂内动脉。母牛子宫动脉和脐动脉均起源于髂内动脉。母牛未孕或妊娠前3个月子宫动脉很细,未呈现特殊的妊娠脉搏,通过直肠触摸不到子宫动脉。妊娠4个月之后的母牛,可从髂内动脉触摸到一条沿着子宫阔韧带向下行走,呈游离状态分布在子宫角上的子宫动脉。

(2)母马(驴)髂外动脉—子宫动脉触摸方法:将手臂戴上长臂手套伸入母马(驴)直肠内,同触摸母牛髂内动脉一样,先摸到母马(驴)髂内动脉,然后沿着腹主动脉向前2~4 cm就可触摸到起源于腹主动脉,向两侧走向的髂外动脉。母马(驴)的子宫动脉起源于髂外动脉附近。未孕或妊娠4个月前通过直肠触摸不到它的子宫动脉,只有妊娠5~6个月以后在怀孕侧才能摸到子宫动脉和妊娠脉搏,但母马(驴)子宫动脉的妊娠脉搏没有母牛明显。

问题：

(1)为什么母牛采用髂内动脉—子宫动脉触摸法进行妊娠诊断，而母马(驴)采用髂外动脉—子宫动脉触摸法来进行妊娠诊断？

(2)如何提高母牛髂内动脉—子宫动脉触摸法和母马(驴)髂外动脉—子宫动脉触摸法判定妊娠的成功率？

实验6

动物的发情鉴定技术

【案例及问题】

案例：

某猪场，所饲养母猪一切均正常，但是全场的配种受胎率一直不太理想，统计结果显示发情期受胎率在63%左右，远远低于正常水平，猪场配种员一直无法找到原因。专家在猪场驻场观察一个月，每天跟随配种员去配种，特别注意配种员的查情方式和配种方式。专家在后面的观察中发现配种员每天只在母猪早饲之前的半个小时去空怀母猪舍和后备母猪舍查情，每次查情时间也不超过30 min，大多数时候是沿着过道匆匆走过，只是观察母猪的外阴，偶尔停下来翻看一下母猪的阴户和黏液。对于查情认定的发情母猪，配种员拿来精液便匆匆输入，并且在输精时不会再去检查母猪的发情状况和发情阶段。

由于配种员的马虎大意和粗糙操作，造成部分发情母猪未能被及时发现，很容易就错过了最佳配种期，从而浪费了此次发情时期，只能静等下次发情。对于查情发现的母猪，配种员又不太仔细去鉴别母猪的发情特点，只是完成输精进程，并且没有分析何时才是最佳的输精时间，从而也会造成部分母猪输精时间太早或者太晚，造成受胎率下降。对于一个繁育猪场来说，只有能繁母猪得到充分利用才能保证整个猪场的流水线运转，保证猪场的生产按计划顺利进行下去，否则就会导致猪场的核心环节掉链子，严重影响到猪场的效益。

问题：

（1）发情母畜有哪些典型的变化？如何判断母畜是否发情？

（2）根据母畜发情的变化，如何确定合适的输精配种时间？

【目的及要求】

(1)了解常见母畜发情的基本规律和特点。

(2)熟悉动物常见发情鉴定技术,重点掌握外部观察法和直肠检查法。

(3)学会针对不同动物选用合理的发情鉴定方法。

【实验原理】

动物的发情鉴定是动物繁殖工作中一项重要的技术。通过发情鉴定,可以判断动物的发情进程,预测排卵时间,以便确定动物配种的最佳时期,从而提高受胎率。通过发情鉴定,还可以发现动物的异常发情以及一些繁殖疾病,从而可以及时发现问题、解决问题。正常的发情包括3个方面的变化:外部行为的变化、生殖道的变化和卵巢的变化。外部行为的变化通常可以直接观察,生殖道的变化是敏感而渐变的过程,卵巢的变化是动物发情排卵的本质体现。

通过发情鉴定,能够从可观察到的表观现象,进一步掌握动物卵巢上卵泡发育与排卵行为的变化进程,从而对配种生产工作提供有效的支持。因此发情鉴定技术的要求是:鉴定手段尽可能简单、操作性强,鉴定结果要准确。在生产中,对动物的发情鉴定通常会采用几种鉴定方法结合的方式,来提高鉴定结果的准确性。

【实验材料】

1.实验动物

母猪、母牛、母兔等动物。

2.实验试剂与器材

高锰酸钾、酒精、石蜡油、(牛用)阴道开张器、消毒棉签、载玻片、显微镜、兽用长臂手套、兽用便携式B超等。

【实验内容及方法】

一、外部观察法

外部观察法主要是通过对母畜个体的观察,视其外部表现和精神状态的变化,来判断是否发情以及发情的状况。运用此方法时,最好是从发现母畜发情开始就进行定期观察,了解其发情变化的全过程,从而获得较准确的鉴定结果。

1.发情动物的常见外部变化

发情动物常表现为精神不安,来回走动,鸣叫,食欲减退甚至拒食,外阴部充血肿胀,湿润,有黏液流出,频频排尿,对周围的环境和雄性动物的反应敏感。

2.发情母牛的外部变化

母牛发情时,行为上会变得坐立不安,常常哞叫,食欲减少,排尿频繁,尾巴不停摇摆和尾根高举。其外阴部会充血肿胀,并且从阴道流出黏液。在具体的观察中,要密切关注母牛的黏液量、颜色和黏性的变化。通常,在发情前期,母牛阴道开始充血,阴门湿润并流出少量透明黏液。在发情中期,母牛开始接受其他牛的爬跨,也会去爬跨其他牛,从阴门流出的黏液类似玻璃状,黏性较强,并悬挂在阴门下方。在发情末期,母牛外阴部肿胀逐渐消退,阴门流出的黏液变为乳白色浑浊状,量较少,此时是输精的适宜时期。母牛发情时间较短,一般持续24~48 h,其排卵行为一般在发情结束后10~12 h。有时会看到发情排卵后的母牛从生殖道内排出带有血丝或少量血液的黏液。

3.发情母猪的外部变化

母猪发情时,食欲剧减甚至废绝,兴奋不安不停走动,拱地,啃嚼门闩企图外出,不停爬跨其他母猪,而且也接受其他母猪的爬跨。由于目前猪场的集约化管理,大大减少了母猪的运动量,限制了母猪的行动,再加上外来品种的引入杂交,母猪的发情行为变化越来越不明显。母猪的外阴部变化为一个渐进的过程。在发情前期,母猪阴户开始红肿潮湿,阴门流出少量黏液(图6-1),但不接受爬跨,此阶段一般持续2~3 d。在发情中期,母猪阴户肿胀开始消退,变得微微皱缩,外阴颜色由红变暗,按压母猪背腰部,母猪呈现静立反射,接受爬跨,适宜输精,后备母猪发情一般持续1~3 d,经产母猪1~4 d。在发情后期,母猪开始拒绝爬跨,发情行为逐渐消失,外阴部红肿消失,阴门紧缩,此期一般持续3~5 d。

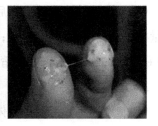

图6-1　发情母猪外阴部流出的黏液

4.发情母兔的外部变化

母兔发情时,主要表现为兴奋不安,爱跑跳,脚爪乱刨地,抓挠食具,踏足,常在食具或其他用具上磨蹭下腭,食欲减退,俗称"闹圈"。发情旺盛的母兔,有时爬跨自己的仔兔或其他的母兔。母兔外阴部湿润、红肿呈粉红色,表示发情开始,若变为深红色则表明为发情盛期,适于配种。这种现象一般持续3~4 d。

二、阴道检查法

阴道检查法包括阴道开张器法和黏液抹片法等。

1.阴道开张器法

(1)保定。将母牛保定在保定架上,用绳索或者由助手将母牛的尾巴拉向一侧。

外阴部的清洗消毒:先用温水清洗干净母牛外阴部,再用0.1%高锰酸钾溶液或者1%煤酚皂溶液进行消毒,最后用灭菌纱布或毛巾擦干。

(2)阴道开张器的准备。先用75%的酒精棉球清毒开张器的内外面,然后用无烟火焰烧灼消毒,或者用消毒液浸泡消毒,再用开水冲去药液,在插入母牛阴道之前涂抹适量灭菌液体石蜡油润滑。

(3)插入开张器。用左手拇指和食指(或中指)撑开母牛阴门,右手持阴道开张器(闭合状态),闭合口顺着阴门裂的方向,慢慢插入开张器。当开张器的前1/3进入阴门后,慢慢旋转开张器并插入,使其柄部向下,同时打开开张器全部。

(4)观察。用阴道开张器撑开阴道,借助手电筒,迅速观察阴道黏膜的色泽、湿润程度、黏液状态、子宫颈开张情况。母牛未发情时,阴门紧缩,并有皱纹,开张器插入有干涩的感觉,阴道黏膜苍白,黏液呈糨糊状或很少,子宫颈口紧缩。母牛发情时,阴门松弛肿胀,开张器插入润滑,阴道黏膜红润,黏液透亮滑润、量多,子宫颈口松弛微微开张。

2.黏液抹片法

(1)取黏液。用阴道开张器打开母牛阴道,再用生理盐水湿润灭菌棉签,将棉签伸入阴道内在子宫颈外口处沾取阴道黏液。

(2)抹片。用沾取黏液的棉签在载玻片上轻轻涂抹均匀。

(3)观察。抹片自然干燥后,放到显微镜下观察。黏液抹片无花纹时,以"–"记录;有少量树枝状花纹时以"+"记录;有较多花纹时以"++"记录;整个视野全部为结晶花纹时以"+++"记录,表示母畜正处发情盛期。

3.母兔的阴道涂片检查

(1)制作棉签。由于母兔体形小,所以普通棉签无法深入母兔阴道内取样,需要自己制作棉签。可以用兔用输精枪,在前端缠绕少量脱脂棉花,并轻轻旋转将棉花捻紧。

(2)母兔的保定。实验助手用左手抓住母兔的两耳及颈部皮肤,将母兔固定在实验台上,用右手食指和中指夹住母兔尾巴同时抓住母兔臀部,向上抬起以便于暴露母兔阴门部位。

（3）取黏液。把自做棉签用生理盐水湿润,再把棉签伸入母兔阴道内5~8 cm深,轻轻旋转。

（4）涂片。取出棉签,将棉签在洁净的载玻片上涂抹均匀,待其自然干燥。

（5）染色。吉姆萨染色:将抹片干燥后用甲醇固定1~3 min,再用吉姆萨染液染色10~15 min,然后用水冲洗掉多余染液。瑞氏染色:将涂片干燥后用甲醇固定1~3 min,用瑞氏染液染色2 min,再加入等量的水,10 min后用水冲洗掉多余染液。

（6）观察判断。在显微镜下观察阴道涂片（图6-2）,同时结合母兔发情的外阴部变化来对母兔发情状态作出判断。

①发情前期:涂片中有大量有核扁平上皮细胞（中间细胞）,圆形。有少量上皮细胞转化为角化细胞。外阴部阴门开口,阴道口皱褶轻微红肿,紧闭,洁净,阴道内壁呈粉红色。

②发情期:多为无核角化细胞,细胞形态不规则,呈菱形或多边形,或夹杂少许白细胞。阴唇肿胀、微张、洁净、黏膜潮红、湿润。

③发情后期:涂片中以无核上皮细胞与白细胞为主。阴唇皱褶红肿,松弛,开张,有分泌物,阴道内壁为紫红色。

④间情期:涂片中主要为副基底层细胞,呈圆形,核质比较多。外阴部阴道口皱褶恢复常态,紧闭,阴道内壁为苍白色。

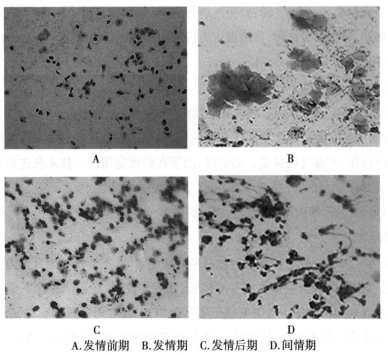

A. 发情前期　B. 发情期　C. 发情后期　D. 间情期

图6-2　母兔不同发情阶段的阴道涂片

三、试情法

试情法是让体质健壮、性欲旺盛及无恶癖、经过处理的非种用公畜,接近鉴定母畜,根据母畜对公畜接近时的亲疏行为表现,来判断其发情程度。

1.母牛的试情

试情公牛接近母牛时,如果母牛发情,则表现为安静不动,弓背弯腰,愿意接受公牛的爬跨。

2.母猪的试情

当发情母猪听到公猪叫声时,则四处张望,当公猪接近时,顿时变得温顺安静,接受公猪交配,呈现静立反射。发情鉴定时常采用一种背压反应视察,即用手按压发情母猪背部时,母猪站立不动,尾翘起,凹腰拱背,向前推动不仅不逃脱反而有抵抗的反作用力。

四、直肠检查法

此方法只适用于大家畜如牛、马、驴等,具体方法见《实验五 雌性大动物生殖器官的直肠检查》。

母牛的发情判断:

(1)卵泡出现期:卵巢稍增大,卵泡直径0.50~0.75 cm,触摸时为软化点,波动不明显,这时母牛已开始发情。

(2)卵泡发育期:卵泡增大到1.0~1.5 cm,波动明显,此期后期发情已不大明显。

(3)卵泡成熟期:卵泡壁变薄,紧张性增强,有一触即破之感。

(4)排卵期:卵泡破裂排卵,卵泡液流失后成一小凹陷,排卵后5~8 h黄体开始生成。

五、B超检测法

1.探查方法

母牛的发情鉴定通常采用直肠内B超探查。

母牛取自然站立姿势保定于牛床上或柱栏内,如同进行直肠触诊和直肠把握输精一样,一人即可操作,不需特殊保定。必要时,助手在旁固定尾巴。技术员先清除直肠内的粪便,将探头涂布耦合剂,外覆避孕套扎紧,将探头送入直肠,隔直肠壁对母牛卵巢区域做前后左右扇形扫查,探头可适当旋转或倾斜做多角度扫查。

2.判断标准

母牛发情时,B超影像下卵泡液为低回声的液性暗区,发情母牛子宫角内少量低回声为发情黏液。排卵后的新生黄体多有液体腔,且腔体较大,在超声影像下或有或无少量强回声(周边有规则结构的中等密度或低密度组织)。比如母牛排卵后第3天,黄体内液体腔较大,且液体腔周边有规则的均匀细密的环状中等回声。排卵后第6天,液体腔逐渐

缩小,且环状回声更加明显,呈环状带结构。(图6-3)

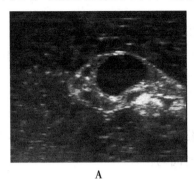
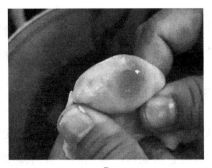

A   B

A.母牛卵巢B超探测影像　B.母牛卵巢(肉眼观察)

图6-3　兽用B超探测母牛卵巢

(引自《B超在奶牛繁殖工作中的应用》,王少华,2007)

【结果分析与判断】

(1)将动物的发情观察结果填入表6-1中。

表6-1　动物的发情观察结果

动物编号	行为变化	外阴部变化	阴道变化	发情鉴定结果

(2)将母牛或母兔阴道检查的结果填入表6-2中。

表6-2　母牛或母兔阴道检查的结果

母牛/母兔耳号	外阴部及阴道变化	阴道涂片变化	鉴定结果

(3)将母牛的直肠检查与B超检测结果填入表6-3中。

表6-3　母牛的直肠检查与B超检测结果

母牛耳号	直肠检查		B超检测		鉴定结果
	子宫状况	卵巢状况	子宫状况	卵巢状况	

【注意事项】

(1)学生在和动物接触过程中应注意人身安全。

(2)学生在阴道检查的操作过程中必须保护好动物的生殖器官不受人为损伤。

【复习思考题】

(1)雌性动物的卵巢变化与其发情外部变化及行为变化的内在联系是什么?

(2)阴道检查法能够准确判断母畜的排卵时间吗?

【拓展学习】

1.相关研究文献

(1)韩志强,王海军,赵家平,等.动物发情鉴定技术的研究进展[J].畜牧兽医学报.2018,49(10).

(2)王骁,陈霞,张海兰,等.B超在马发情鉴定和早期妊娠诊断中的应用[J].畜牧与兽医.2018,50(4).

(3)寇红祥,李蓝祁,王振玲,等.牛发情期活动量与阴道黏液电阻值变化规律的研究[J].畜牧兽医学报.2017,48(7).

(4)Rutherford AJ, Oikonomou G, Smith RF. The effect of subclinical ketosis on activity at estrus and reproductive performance in dairy cattle[J]. Journal of Dairy Science. 2016, 99(6).

(5)Sankar Ganesh D, Ramachandran R, Suriyakalaa U, et al. Heat shock protein(s) may serve as estrus indicators in animals: A conceptual hypothesis[J]. Medical Hypotheses. 2018, 117.

2.知识拓展

规模化牛场的发情鉴定

随着养殖业的现代化发展,越来越多便利高效的发情鉴定技术得到推广应用,这些新的鉴定技术是在原有的技术上根据动物发情的变化和特点,针对大规模集约化生产养殖场发展而来的。

(1)蜡笔记号法:

每天牧场技术员用记号蜡笔在母牛尾椎上从尾部到十字部的地方进行反复涂抹3~4次,在牛毛上留下30~40 cm长的蜡笔记号,以后每天补充涂抹1~2次以保证记号颜色鲜艳,便于观察。然后每天定时检查母牛尾部的记号情况,根据蜡笔记号的变化来判断是否发情。

未发情母牛不接受其他母牛爬跨,尾部毛发未被压,所以保持直立或高耸,上面的蜡笔记号保持新鲜,与新涂抹的保持一致。尾部毛发颜色与其他部分一致,均为白色,而非被污染的灰白色、灰色。发情母牛接受其他母牛爬跨,被爬跨后,尾部毛发被压,上面的蜡笔记号被摩擦掉,或者被其他母牛腹部黏附的牛粪污染,颜色变浅、变深。可以在旁边涂一个新的标记,比较两者的颜色是否一致。

判定结果时要特别注意对被爬跨过和未被爬跨过但被舔舐的牛只尾部所涂蜡笔染料进行区别。一些奶牛喜欢舔舐其他牛只,这种情况在新采用蜡笔记号法的牧场非常普遍,另外青年牛也喜欢相互舔舐。奶牛被重达600 kg的其他奶牛爬跨后,毛发被重压,向下,压实。而舔舐后,毛发侧立,倒向一侧。

(2)计步器法:

牛场工作人员首先给每头母牛的腿部配戴一个电子计步器,负责牛耳号识别和活动量监测,记录母牛行走的步数。当牛只经过牛舍固定位置或挤奶厅入口处安装的感应器时,感应器收集牛耳号和步数数据,并将数据传送到识别控制系统。识别控制系统再将采集到的母牛步数数据发送到计算机发情监测分析系统,进行数据分析。数据系统如果分析到母牛当天的运动步数大于正常步数的30%,则可以判断为发情母牛,从计步器统计到的数据可以看到发情母牛的活动量会在发情当天突然显著增加,而产奶量会短暂明显下降。同时需要注意的是,正常母牛的发情,每次出现运动步数显著增加的间隔时间一般为20 d左右,如果间隔时间过短或过长,均要考虑母牛是否有疾病,因此计步器统计的母牛步数数据还可以为某些疾病的诊断提供参考依据。

问题:

(1)规模化养殖场对动物发情鉴定技术有哪些基本要求?

(2)如何提高动物的发情鉴定效率?

动物精液品质评定

【案例及问题】

案例：

表7-1为某种公牛场10头荷斯坦种公牛的精液质量比较分析表。

表7-1　10头荷斯坦种公牛的精液质量比较分析表

牛号	鲜精活力/%	前进的运动精子数/万个	畸形率%	细菌个数	综合评定
1	68.2	960	15.3	23	合格
2	65.5	1210	16.8	18	合格
3	67.2	980	15.2	46	合格
4	70.1	990	17.1	31	合格
5	69.5	1060	16.3	59	合格
6	74.3	1120	17.4	75	合格
7	71.4	1180	17.1	19	合格
8	70.2	1020	15.5	54	合格
9	70.9	980	17.2	29	合格
10	66.3	980	16.7	113	合格
平均	69.4	1048	16.5	47	合格

（数据引自卜三平等，《种公牛精液品质鉴定》，2014；数据略修改）

问题：

（1）常用的评定精液质量的指标有哪些？

（2）引起精液异常的原因有哪些？

【目的及要求】

(1)熟悉肉眼检测精液品质的方法。

(2)掌握检查精子密度、评定精子活力的方法。

【实验原理】

精液品质评定的目的在于鉴定精液品质的优劣,以便确定雄性动物的生育能力,同时也检查了公畜生殖器官的机能状态和对公畜的饲养水平,是反映技术操作质量,检验精液稀释、保存和运输效果的依据。准确评定精液品质,是提高家畜人工授精成功率和受孕率的重要前提之一(无论是选用鲜精还是冻精)。所以,精液品质评定是人工授精的必要环节和必备技术。

【实验材料】

1.实验动物精液

猪、羊、鸡的原精,奶牛冻精。

2.实验试剂与器材

普通显微镜、显微镜恒温台、载玻片、温度计、滴管、擦镜纸、纱布、试管,0.9%NaCl溶液(质量分数,同类的后同)、3%NaCl溶液、75%酒精、1%伊红、龙胆紫染液(质量分数,同类的后同)。也会用到体视显微镜、电子天平、恒温水浴锅、液氮罐、冰箱、超净工作台、烧杯、镊子、pH试纸、移液器、精子计数器、高压灭菌锅、乳胶手套、蒸馏水、离心管、纸巾等。

【实验内容及方法】

一、外观检查

1.射精量

射精量是指动物一次射出或者人工采精所获得的全部精液体积。

部分动物采精时使用的集精杯带有刻度,可以直接测量其射精量,也可以将精液倒入带有刻度的试管或量杯等,测量其射精量。常见动物的射精量见表7-2。

表7-2　常见动物射精量(引自《哺乳动物生殖生物工程学》,李光鹏、张立主编,2018)

动物	一次射精量/mL	每次射出的精子总数/亿个	动物	一次射精量/mL	每次射出的精子总数/亿个
家兔	0.5~2.0	3~7	牛	4~8	50~100
绵羊	0.8~1.2	16~36	水牛	5~10	50~150
山羊	0.5~1.5	15~60	马	30~100	50~150
猪	150~300	300~600	驴	20~80	30~100

　　健康的雄性动物射精量通常能维持在正常范围内,如果射精量过多,则可能是因为副性腺分泌物过多或其他液体如尿液、水(假阴道漏水)混入;如果射精量过少,则可能是采精方法错误、采精过于频繁或生殖器官机能衰退等原因。

　　2.色泽

　　正常新鲜精液通常为乳白色、灰白色、浅黄色或者浅乳黄色,不同种动物因为精子密度和品种的差异而呈现出色泽差异。一般来说,精子密度越大,色泽越深,白色越浓。

　　猪、马的精液通常为白色、灰白色,较为稀薄。牛、羊的精液通常为乳白色、乳黄色(含有核黄素),比较浓稠。

　　精液色泽出现异常,常常是因为雄性动物生殖器官出现病变:精液呈淡绿色是因为混有脓液;呈红色(淡红色或深红色)是因为混有血液;呈尿黄色则可能混有尿液。色泽异常的精液通常被废弃,并要及时检查动物健康状况,找出病因及时处理。

　　3.气味

　　正常新鲜精液无味或略带腥味。有些动物精液带有其本身特有的气味,如羊精液带有轻微膻味。如果闻到精液有恶臭气味,则可能是精液腐败变质。

　　4.pH

　　取一滴新鲜精液滴在pH试纸上,与标准色板对照来读出其pH。

　　一般情况下动物的新鲜精液pH近中性,牛、羊的新鲜精液偏弱酸性,猪、马的新鲜精液偏弱碱性。

　　5.云雾状

　　取一滴新鲜精液于载玻片上(37~38℃预热),不盖盖玻片,用显微镜低倍镜观察精液的云雾状,根据精液翻腾滚动的强烈程度评定等级。

　　云雾状分级标准:

　　"+++"表示翻卷明显而且快速;

　　"++"表示翻卷明显但是较慢;

"+"表示仔细看才能看到精液的移动；

"−"无精液的移动。

云雾状反映的是动物精液精子密度和精子活力的综合情况。通常,动物精液密度越大、精子活力越高,其云雾状越明显。牛、羊品质优秀的精液能观察到云雾状,猪、马的精液无此现象。

二、精子活力

精子活力是指呈直线前行运动的精子数在精子总数中的占比。通常,只有呈直线前进运动的精子才具有授精潜能,一般称呈直线前进运动的精子为有效精子,因此精子活力是评定动物精液品质的重要指标之一。

1. 检查方法

(1)在电子恒温台上预热载玻片(如图7−1),保证取样时精液检查用的载玻片温度为37 ℃左右。

(2)取一滴精液滴在载玻片上,轻轻盖上盖玻片,避免产生气泡。牛、羊精液由于精子密度大,不便于观察,故需要用0.9% NaCl溶液同温稀释后再取样。

(3)将载玻片放在显微镜(带有恒温装置)上,放大200~400倍观察精子活力。

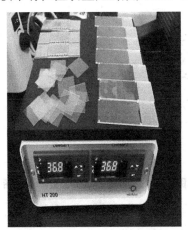

图7−1　恒温台上预热载玻片

2. 精子活力评分标准

精子活力采用十级评分。一般采用目测法,由检查者根据自己的经验对用显微镜观察到的精子运动情况作出判断,因此带有一定的主观性。经验不够丰富的新手可以采用以下评分标准评分:大多数精子呈旋涡翻滚状态可评为0.8~1.0,代表精子活力很高;多数精子呈直线前进,运动速度快可评为0.5~0.7,代表精子活力高;多数精子呈圆周运动,运动速度缓慢可评为0.3~0.5,代表精子活力低;多数精子摆动或漂浮可评为0.1~0.3,代表精子活力很差或死亡。

为了更客观更准确地评判精子活力,通常在同一载玻片上制作2个样品,每个样品观察3~5个视野,最后综合评定。

3.活力指标要求

动物的新鲜精液精子活力要求在0.7以上。液态保存的精液,精子活力要求达到0.5方可用于输精。冷冻精液解冻后,精子活力要求达到0.35方可用于输精。

三、精子密度

精子密度是指每毫升中含有的精子数量。精子密度是评价雄性动物精液品质的重要指标之一。测定精子密度有3种方法。

1.估测法

(1)方法:取一小滴精液于洁净的载玻片上,轻轻盖上盖玻片,使精液分散成均匀的一薄层,防止气泡存留,也不能使精液外流或溢出于盖玻片上,然后置于显微镜下,放大100倍观测精子密度。

(2)测定标准:根据精子之间的距离来粗略估计精子的密度(如图7-2)。

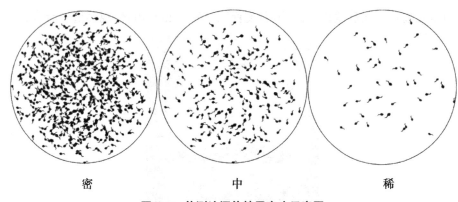

密　　　　　　　　中　　　　　　　　稀

图7-2　估测法评估精子密度示意图

密:在整个视野中精子的密度很高,彼此间的空隙很小,看不清每个精子个体运动的情况。每毫升精液含精子数在10亿个以上。

中:精子之间空隙明显,彼此间的距离约为一个精子的长度,有些精子的活动情况清楚可见。每毫升精液含精子数2亿~10亿个。

稀:视野中的精子稀疏、分散,精子之间的空隙超过一个精子的长度。每毫升精液含精子数2亿个以下。

2.血细胞计数板法

(1)根据动物的种类对精液样品用3% NaCl溶液进行适当倍数的稀释(表7-3)。

表7-3　常见畜禽精液检查稀释建议比例

动物	牛	羊	猪	马	鸡
稀释倍数	100	200	20	20	200
3% NaCl/μL	495	995	950	190	1 990
原精/μL	5	5	50	10	10

(2)将血细胞计数板放置于显微镜载物台上,在镜头下调好焦距用低倍镜寻找到计数室(图7-3)。

图7-3　显微镜下寻找计数室

(3)将稀释后的精液滴在血细胞计数板上盖玻片的边缘,精液依靠虹吸作用吸入计数室,应使之自然、均匀地充满计数室。

(4)先低倍镜找到清晰的计数室和精子,再放大到400倍计数5个中方格的精子总数。

(5)计数精子时,以精子头部为准,头部在中方格内的计数,部分精子头部压在中方格的双线上,则按照"数上不数下,数左不数右"的原则,计数压在中方格上方和左方双线的精子。同时为了不重复不遗漏,计数时通常按照"Z"字形计数(如图7-4,图7-5)。

(6)按照下面的公式计算精子密度。

精子密度(个/mL)=5个中方格精子总数×5×10×1 000×稀释倍数

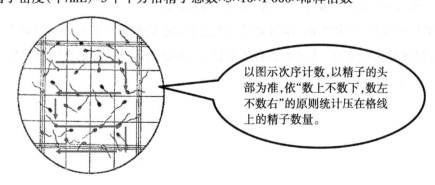

以图示次序计数,以精子的头部为准,依"数上不数下,数左不数右"的原则统计压在格线上的精子数量。

图7-4　精子计数方法

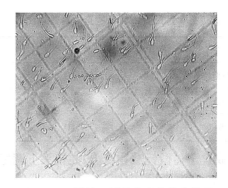

图7-5 显微镜下计数室中方格和精子

(7)为了减少误差,要求对同一样品进行2次精子计数,取其平均值,如果2次检查的结果相差大于5%,则应重新取样再做计数检查。

3.精子密度仪法

精子密度仪(图7-6)能够快速和准确地测定出动物精液的精子密度。其基本原理是利用精子密度与精液透光性呈反比的规律,用光电比色来测定精液的透光性,再换算成精子密度。

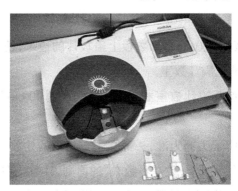

图7-6 精子密度仪

四、精子畸形率

精子畸形率是指畸形精子数在精子总数中的占比。

畸形精子(图7-7)指头部、体部或尾部非正常形态的精子。头部畸形包括头部过大或过小、顶体异常或空泡;体部畸形有体部粗大、折裂、不完整等;尾部畸形包括尾部过短、不规则、断裂或卷曲及多尾等。

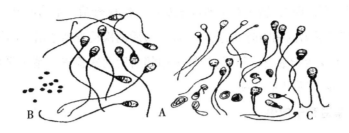

A.正常精子　　B.游离原生质滴　　C.各种畸形精子

图7-7　正常精子与畸形精子的形态

(引自《动物繁殖学(第二版)》,杨利国主编,2010)

(1)吸取 5 μL 精液滴于载玻片的一端,加入 1~2 滴 0.9% NaCl 溶液(预热至 37 ℃)。混匀后制成抹片(图7-8)。

(2)抹片于空气中自然干燥。

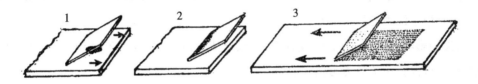

图7-8　精子抹片方法

(引自《动物繁殖学(第二版)》,杨利国主编,2010)

(3)抹片晾干后,在抹片上滴上95%的酒精,固定 5 min。

(4)先甩去抹片上的酒精,等到残留的酒精完全挥发后再滴上染液(伊红染液、龙胆紫染液、红墨水、纯蓝墨水等)覆盖住抹片,染色 5~10 min。

(5)用洗瓶轻轻地将染液冲掉,甩掉多余的水,或者用纸巾/滤纸吸掉多余的水。

(6)在显微镜下观察精子的形态,计数200个以上精子,统计畸形的精子数量。

(7)按照以下公式计算畸形率。

$$精子畸形率(\%)=畸形精子数/精子总数×100$$

五、精子存活时间与存活指数

(1)取新鲜精液样品稀释2~3倍,立即测定精子活力。

(2)将稀释后的精液样品,保存在特定的温度条件下:低温5 ℃或者体温37 ℃等。

(3)每隔4~6 h,取出其中一滴,检查精子活力。如此检查,一直到样品中精子全部死亡,活力为0为止。

(4)计算精子存活时间:精子存活时间是从第一次检查精子活力时开始计时,直到倒数第二次检查精子活力的相距时间,然后再加上最后两次检查精子活力间隔时间的1/2。

(5)计算精子存活指数:精子存活指数为相邻前后两次检查的精子平均活力与两次检查间隔时间相乘,其乘积的总和。

六、理化因素对精子的影响

1.温度

低温的影响:取1 mL精液放入EP管中,封口,然后放入冰箱冷藏室内(0~5 ℃)保持5~10 min,再取出精液检查精子活力。

高温的影响:取1 mL精液放入EP管中,封口,然后放入高温环境(45 ℃水浴锅)中保持10~30 s,再取出精液检查精子活力。

2.渗透压

低渗的影响:取一滴精液在载玻片上,检查精子活力,然后滴两滴蒸馏水在这滴精液上,再检查精子活力与精子形态。

高渗的影响:取一滴精液在载玻片上,检查精子活力,然后滴两滴3% NaCl溶液在这滴精液上,再检查精子活力与精子形态。

3.化学药品

消毒液对精子的影响:取一滴精液在载玻片上,检查精子活力,然后滴两滴75%酒精溶液在这滴精液上,再检查精子活力。

【结果分析与判断】

(1)将动物精液品质外观检测结果记录在表7-4中,并判定精液品质优劣。

表7-4　公畜精液品质外观检测结果表

编号	外观检测					备注
	射精量/mL	色泽	气味	pH	云雾状	
1						
2						
3						

(2)将动物精液显微镜检测项目结果记录在表7-5中,并判定精液品质优劣。

表7-5　动物精液显微镜检测结果表

编号	显微镜检测项目					备注
	精子活力	精子密度			精子畸形率	
		估测法	血细胞计数板法	精子密度仪法		
1						
2						
3						

(3)将动物精子存活时间与存活指数检测结果记录在表7-6中。

表7-6　动物精子存活时间与存活指数记录表

检查时间		两次检查间隔时间(A)	精子活力	两次检查平均活力(B)	$C=A×B$
日期	时间				
精子存活时间			精子存活指数($\sum C$)		

(4)将理化因素对精子影响的检测结果记录在表7-7中。

表7-7　理化因素对精子的影响

理化因素		观察结果	备注
温度	低温		
	高温		
渗透压	低渗		
	高渗		
化学药品	75%酒精		

【注意事项】

(1)进行精液品质鉴定时,有条件的尽量使用恒温台,避免因温度过低引起精子大量死亡,从而影响精子活力的判定。

(2)血细胞计数板一定要清洗干净。

(3)血细胞计数板加入精液时,不要使精液溢出盖玻片之外,也不可因精液不足而致计数室内有气泡或干燥之处,如果出现上述现象应重新做。

(4)统计时,对头部压线的精子应该按照"数头不数尾,数上不数下,数左不数右"的原则计数,避免重复计数或者漏计。

【复习思考题】

(1)精子密度测定的方法有哪些? 比较其优缺点。

(2)试分析造成家畜精液异常的原因有哪些。

【拓展学习】

1.相关研究文献

(1)赵俊金,王振云,金穗华.中国牛冷冻精液质量性状的评估与分析[J].中国农学通报.2019,35(18).

(2)甄林青,王立蕊,付杰丽,等.家畜精液质量相关生物标记的研究进展[J].畜牧兽医学报.2016,47(4).

2.知识拓展

精子分析仪(Computer assisted sperm analysis system,CASAS)是计算机技术和图像处理技术结合的精液分析仪器设备,通过显微镜下摄像和计算机快速分析多个视野内精子的运行轨迹,客观记录精子的密度、活动力、活动率和存活率等各项参数。

以灰度识别CASAS为例,采用高分辨率的摄影技术与显微镜结合,精液标本液化后吸入计数,通过显微镜放大后,用图像采集系统获取精子动、静态图像后输入计算机。根据设定的精子大小和灰度、精子运动移位及运动参数,对采集图像精子的密度、活动力、活动率、运动特征等几十项检测项目进行动态分析,由计算机处理后,打印出"精液分析检查报告以及精子动态特征分布图"。一次能对1 000个精子进行动态检测分析,2~3 min即可完成检测,操作简便,用量少,重复性优于人工检测,可提供精子运动状态的多种参数。

问题:

(1)精子分析仪有哪些优点?

(2)基层养殖场最常用的动物精液品质鉴定指标有哪些?

冷冻精液的制作

【案例及问题】

案例：

2019年，澳大利亚悉尼大学的动物繁殖专家Simon deGraaf团队宣布复苏了一批冷冻保存了50年的绵羊精子，并成功让34只母羊受孕，受孕率达61%。这批精子于1968年储存于悉尼的一个实验室中，是世界上保存最古老的精子。

问题：

（1）为什么绵羊精子在液氮中保存半个世纪后再次解冻依然具有较高的活力？

（2）如何进行精液冷冻？

（3）精液冷冻保存的意义是什么？

【目的及要求】

（1）掌握不同畜种精液稀释液的配制方法。

（2）掌握细管法与滴冻法精液冷冻的程序。

【实验原理】

精液冷冻保存是利用液氮（-196℃）、干冰（-79℃）或其他作为冷源，将精液经过特殊处理后，保存在超低温下。精子在低温下，细胞运动变慢，细胞代谢逐渐降低，处于休眠状态，一旦升温又能复苏而不丧失授精能力。

目前，关于精液冷冻保存原理，比较公认的是玻璃化假说：精子在冷冻的过程中，高浓度的冷冻保护剂在超低温环境下凝固，形成不规则的玻璃化样固体，保存了液态时正常分子和离子分布，避免了因冰晶形成对精子造成的物理性损伤，从而起到保护精子的作用。

【实验材料】

1.实验动物精液

牛、羊或猪的精液。

2.实验试剂与器材

甘油、蔗糖、卵黄、乳糖、果糖、柠檬酸钠、葡萄糖、青霉素、链霉素、α–淀粉酶、三羟甲基氨基甲烷和脱脂乳、体视显微镜、电子天平、恒温水浴锅、液氮罐、冰箱、超净工作台、烧杯、镊子、pH试纸、温度计、移液器、精子计数器、玻璃棒、高压灭菌锅、纱布、乳胶手套、蒸馏水、离心管、纸巾、冷冻细管(0.25 mL)、封口粉、载玻片和盖玻片。

【实验内容及方法】

一、牛精液冷冻保存(细管法冷冻)

1.稀释液及解冻液准备

稀释液：柠檬酸钠 2.9 g，果糖 2.5 g，蒸馏水定容至 100 mL，取 70 mL，加入 20 mL 卵黄，10 mL 甘油，青霉素 10 000 IU、链霉素 100 000 IU。

解冻液：柠檬酸钠 2.9 g，蒸馏水定容至 100 mL。

配制方法：

(1)鸡蛋使用前用温水洗净，用75%的酒精棉球对蛋壳表面进行消毒，待酒精挥发后用蛋清分离器分离完整蛋黄，用灭菌注射器穿过卵黄膜抽取卵黄。

(2)准确称取柠檬酸钠 2.9 g，果糖 2.5 g，倒入 100 mL 量筒内，加超纯水 50 mL 左右，玻璃棒搅拌，溶解后定容至 100 mL，混匀后过滤于三角瓶中，扎好瓶口，置于 62~65 ℃的水浴锅中 30 min 以上，冷却后取 70 mL，再取卵黄 20 mL，甘油 10 mL，适量抗生素，加入三角瓶中，用磁力搅拌器搅拌均匀后即可使用。

精液保存于 4 ℃冰箱中。

2.精液品质检查

对采集的牛精液进行外观检查和显微镜检查(方法见《实验7 动物精液品质评定》)。外观正常、密度大于等于 $6×10^8$ 个/mL、活力大于等于65%、畸形率小于等于15%的精液方可进行后续处理。

3.精液稀释与平衡

取一个已盛有 30 mL 稀释液且经过 34 ℃水浴预先加温的稀释瓶，对精液进行稀释混匀，在 34 ℃水浴中暂存 10 min 后加稀释液至最终稀释量。再按如下方法之一操作：

（1）先罐装后平衡。

放置10 min之后，即可在20 ℃常温实验室操作台上进行精液的罐装、封口和标识。罐装后的细管放入不透明的塑料盒内，每盒以盛放300支为宜。把塑料盒放入3~5 ℃低温柜中平衡3~4 h，评定活力。

（2）先平衡后罐装。

加完稀释液后，用水杯盛适量的34 ℃水，把稀释瓶放入后送入3~5 ℃低温柜中降温平衡。2 h后在水杯中加冰块，促使其快速降温至3~5 ℃（细管亦应降温至3~5 ℃），评定活力。在低温柜中进行细管罐装、封口和标识。

4.细管标识

细管上的字迹应清晰宜识别、信息齐全（图8-1）。

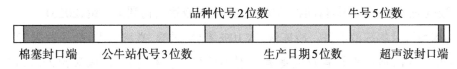

图8-1　牛细管冷冻精液标识方法

5.冷冻

采用液氮熏蒸法冷冻。将细管冷冻架置于装有液氮的冷冻箱内，将细管置于距液氮面2~3 cm（-120 ℃）处，熏蒸10 min后投入液氮。

6.解冻

从液氮中取出冷冻精液，迅速在37 ℃循环水浴中浸泡晃动，完全溶解后取出，擦净表面后用已消毒的剪刀剪开细管口，让精液流入离心管，加入预热的解冻液后，37 ℃水浴中孵化5 min后取样观察。

二、羊精液冷冻保存

1.细管法冷冻

（1）冷冻稀释液（配方引自《动物配子与胚胎冷冻保存原理及应用》，朱士恩，2012）。

Ⅰ液：11 g脱脂奶粉加入100 mL蒸馏水中，配制成11%的脱脂乳，取95 mL，加入5 mL卵黄、青霉素10万IU、链霉素10万IU。

Ⅱ液：取86 mL Ⅰ液添加14 mL甘油，配制成Ⅱ液。

在精液稀释前将稀释液Ⅰ液在恒温水浴锅中预热，使稀释温度保持在35 ℃。Ⅱ液置于5 ℃冰箱预冷，使温度保持在5 ℃。

（2）精液品质检查。对采集的精液进行显微镜检查，检查指标包括精子的活力、密度、形态和色味等指标。具体操作参照牛精液品质检查方法。

(3)精液稀释与平衡。第一步稀释:在35℃条件下,用Ⅰ液进行等温稀释,将精液稀释4~6倍。

第二步稀释:将稀释后的精液用纱布包裹,30 min内降温至5℃。在4℃条件下,用Ⅱ液对精液做进一步等体积稀释,平衡60~90 min。然后,对平衡后精液进行离心(1 000 r/min,10 min),去除部分上清液,使精子浓度达到$1×10^9$个/mL。然后分装于0.25 mL细管中,封口粉封口。

(4)冷冻。取一个保温泡沫盒倒入液氮,放入支架,调整支架与液氮面的距离为3~5 cm,加盖熏蒸10 min,最后将细管冻精投入液氮中。

(5)解冻。从液氮中取出冷冻精液,迅速在35℃循环水浴中解冻12 s或者在50℃循环水浴中解冻9 s。

2.颗粒法冷冻(方法引自《动物繁殖学实验实习教程》,杨利国主编,2015)

(1)稀释液及解冻液准备。冷冻液:取10%乳糖,过滤,煮沸消毒,冷却后取72.5 mL,加入卵黄25 mL,适量青霉素及链霉素。混匀后待用。解冻液:柠檬酸钠2.9 g,定容至100 mL,过滤消毒。

(2)精液品质检查。对采集的精液进行显微镜检查,要求精子的活力、密度、形态和色味正常,方可用于冷冻保存。

(3)精液稀释及平衡。预热:将精液及稀释液在水浴锅中预热至35℃。稀释:把稀释液按照1:2的比例缓慢加入精液中,边加边搅拌。平衡:将稀释后的精液放入冰箱中降温至4℃,平衡2~4 h。

(4)冷冻。颗粒冻精法:取一个铝饭盒倒入液氮,距离液氮面1~2 cm处放一铜纱网预冷5 min,使其温度稳定在-100~-80℃。用移液枪吸取平衡过的精液滴于铜网上,制成0.1~0.2 mL的冷冻颗粒。用纱布袋收集冷冻后的颗粒,做好标记投入液氮罐中保存。

(5)解冻。将颗粒冻精放入2 mL试管中,在37℃水浴中解冻。

三、猪精液冷冻保存

1.配制冷冻稀释液

预稀释液:葡萄糖37 g,EDTA 1.25 g,柠檬酸钠6.0 g,碳酸氢钠1.25 g,氯化钾0.75 g,蒸馏水定容至1 000 mL,加青霉素100万IU,链霉素100万IU。

Ⅰ液:葡萄糖15 g,乳糖30 g,甘氨酸8 g,卵黄240 mL,林可霉素200 μg/mL,庆大霉素100 μg/mL,蒸馏水定容至1 000 mL。

Ⅱ液:取Ⅰ液94 mL,加入6 mL甘油。

解冻液:葡萄糖3.175 g,柠檬酸钠0.6 g,EDTA 0.125 g,$NaHCO_3$ 0.125 g,KCl

0.075 g,青霉素 10 万 IU,链霉素 10 万 IU,蒸馏水 100 mL。

2.精液品质检查

对采集的精液进行显微镜检查,精子的活力、密度、畸形率和外观正常,方可用于冷冻保存。

3.精液稀释平衡

预稀释:使用等温的常温预稀释液于室温条件,缓慢加入精液,加入时轻轻地晃动摇匀,按 1:1 稀释。室温静置 1 h,1 500 r/min 离心 10 min,然后弃上清液。为防止长时间静置使精子进入假死状态,离心前要轻轻晃动原精液。

第一步稀释:在室温下加入冷冻稀释Ⅰ液,混匀,调整精子密度到 $2×10^9$ 个/mL,然后装入玻璃安瓿瓶中密封,再放入盛有 400 mL 水(预先平衡至室温)的烧杯内,一起放入 5 ℃冰箱内,水浴降温 1.5 h。

第二步稀释:加入等体积的Ⅱ液(5 ℃预冷),按照 1:1 稀释,使甘油最终浓度为 3%。

4.冷冻

颗粒冻精法:取一个铝制饭盒倒入液氮,距离液氮面 1~2 cm 处放一铜纱网预冷 5 min,使其温度稳定在 -100~-80 ℃。用移液枪吸取平衡过的精液滴于铜纱网上,制成 0.1~0.2 mL 的冷冻颗粒。用纱布袋收集冷冻后的颗粒,做好标记投入液氮罐中保存。

5.解冻

取解冻液 1 mL,放入小试管内,浸入 30~40 ℃热水中 2~3 min 后,将颗粒冻精投入,待溶化 1/2~2/3 时,取出精液试管,精液全部溶化后,检查并评定精子活力。

【结果分析与判断】

将家畜冷冻精液进行品质检查的数据记录在表 8-1 中,并分析冷冻处理对精液品质的影响。

表 8-1　家畜冷冻精液品质检测结果表

样品编号	精子密度（亿个/mL）	精子活力				备注
		稀释前	稀释后	降温平衡后	冷冻后	
1						
2						
3						

【注意事项】

(1)在使用液氮时,要注意操作人员的身体不能直接接触到液氮,以免冻伤。

(2)在液氮罐中存取牛细管冻精时,要求动作要快、准、稳。

(3)进行精液品质鉴定时,有条件的尽量使用恒温台,避免因温度过低引起精子大量死亡,从而影响精子活力的判定。

【复习思考题】

(1)试述牛、羊和猪精液冷冻程序和方法的异同点。

(2)精子密度测定的方法有哪些?并比较其优缺点。

【拓展学习】

1.相关研究文献

(1)蔡缪荧,程国虎,张昊.山羊精液颗粒冷冻方法的研究[J].上海畜牧兽医通讯.2015(6).

(2)中华人民共和国农业行业标准.NY/T 1234-2018.牛冷冻精液生产技术规程.

(3)中华人民共和国农业行业标准.NY/T 1234-2006.牛冷冻精液生产技术规程.

2.知识拓展

美国著名育种公司ST(Sexing Technologies)每年本土生产性控冻精800万剂,全球生产1 800万剂,包括中国市场。中国2012年共有X-Y精子分离仪器36台。据不完全统计,2012年国内企业生产分离的性控精液达116.3万剂以上,其中荷斯坦奶牛84万剂,占生产总量的72.2%。

问题:

(1)什么是性控冻精?为何性控冻精价格比普通冻精高?

(2)性控精液与普通精液相比有何优势?

(3)根据遗传学及细胞生物学相关知识,分析X精子和Y精子在冷冻过程中的存活率是否有差异。

动物的妊娠诊断技术

【案例及问题】

案例：

养殖户家有一经产母牛，在产后一个半月后发情，于是请畜牧兽医站配种员进行了细管冻精配种。配种两个半月后某天，养殖户电话联系配种员，说母牛当天早晨又开始哞叫，阴户有少量白色黏液，认为上次没有配种成功。配种员直肠检查母牛子宫颈柔软如绵，左侧子宫角比右侧子宫角大约3倍，如拳头大，判断为已孕。但养殖户坚持己见，不顾配种员的已孕提醒，强烈坚持让配种员进行母牛复配。配种员在复配时，感觉插入输精枪时，子宫颈干涩。复配后第8天，养殖户发现母牛阴户排出一团类似软壳鸡蛋物质，配种员检查后告知养殖户母牛流产了。

问题：

(1)复配后母牛为什么会自己流产？如何确定母牛的妊娠与否？

(2)早期妊娠诊断的方法有哪些？

(3)母牛为何在配种后会有类似发情的症状？

【目的及要求】

(1)了解常见动物妊娠母畜的变化规律和特点。

(2)熟悉动物常见妊娠诊断技术，重点掌握直肠检查法和B超诊断法。

(3)能针对不同动物选用合理的妊娠鉴定方法。

【实验原理】

妊娠诊断工作是动物生产中的一项重要工作。及时对配种母畜进行妊娠诊断，可以尽早了解母畜妊娠与否和妊娠的进展状态,以便改善和加强妊娠母畜的饲养管理,维持母畜的健康需求,确保胎儿的正常发育,降低流产风险。

动物在妊娠后,生殖系统、新陈代谢、生殖激素以及行为表现均会发生一系列变化,并且这些变化在不同动物和不同妊娠阶段具有不同的特点。总的来说,妊娠母畜的周期发情会停止,食欲逐渐增加,膘情改善,毛色变得有光泽,性情温顺,行动变得谨慎安稳,较喜好寻觅安静处单独行动;妊娠中后期腹围逐渐增大,乳房开始肿大。妊娠母畜卵巢上的周期黄体转化为妊娠黄体,进一步加强内分泌功能,维持妊娠;子宫保持相对静止和平稳的状态,子宫内膜增生,血管增加,子宫腺体增长,分泌功能加强,到妊娠中后期,由于胎儿和胎水的体积迅速增加导致子宫肌层变薄,纤维拉长;子宫颈口收紧,逐渐变粗,并分泌有黏稠的液体形成子宫颈栓封闭子宫;子宫血管随着胎儿发育所需营养增多而逐渐增粗,以满足血液供应的需要。妊娠诊断就是通过观察、检测配种母畜妊娠后所表现出来的各种变化来判断其是否妊娠。

【实验材料】

1.实验动物
妊娠母猪、母牛、母兔等。

2.实验试剂与器材
高锰酸钾、石蜡油、(牛用)阴道开张器、长臂手套、兽用便携式B超仪等。

【实验内容及方法】

一、外部观察法
外部观察法主要根据母畜妊娠后的行为变化和外部表现来判断是否妊娠。

1.观察母畜返情情况
母畜配种(受精)一个性周期后,应注意观察母畜是否再次发情。如果连续1~2个周期不发情,则可能已妊娠。这种方法对发情周期比较规律的母畜,有着一定的实用价值,其准确率一般可超过80%。

2.观察母畜行为及体型变化
母畜妊娠后一般表现为:回避公畜,并拒绝公畜爬跨。群牧的母畜则有离群、行动谨慎、怕拥挤、防踢蹴等行为表现。食欲增加,毛色润泽,膘情良好,体重增加,性情温顺,到一定时期(牛、马、驴4~5个月,羊3~4个月,猪2个月)后,腹围增大,腹壁向一侧突出,马、驴多向左侧突出,牛、羊多向右侧突出,而母猪腹部侧向下垂。随着妊娠的延续,隔着腹壁可以触诊到胎儿。

3.观察母畜外生殖器变化

已妊娠母畜外阴部干燥收缩紧闭,有皱纹出现,前庭黏膜苍白、干燥、无分泌物。妊娠后期,母畜乳房增大,尻部下塌较深,阴户出现充血膨大松弛等征状。

二、直肠检查法

直肠检查法是牛、马等大家畜妊娠诊断最可靠的方法,具体方法见《实验5 雌性大动物生殖器官的直肠检查》。

三、阴道检查法

1.阴道检查前的准备

(1)保定。将母牛保定在保定架上,用绳索或者由助手将母牛的尾巴拉向一侧。

(2)外阴部的清洗消毒。先用温水清洗干净母牛肛门外阴部,再用0.1%高锰酸钾溶液或者1%煤酚皂溶液进行消毒,最后用灭菌纱布或毛巾擦干。

(3)阴道开张器的消毒润滑。将阴道开张器用0.1%高锰酸钾溶液或者1%煤酚皂溶液进行消毒,然后用灭菌NaCl溶液冲洗干净,再在阴道开张器前端用适量灭菌石蜡油做润滑处理。

2.阴道检查的方法

(1)用左手拇指和食指(或中指)分开阴门,用右手顺时针或逆时针旋转阴道开张器把柄90°,将开张器前端斜向前上方插入母畜阴门。

(2)当开张器的前1/3进入阴门后,即改成水平方向插入阴道,同时以顺时针或逆时针方向放置开张器,使其柄部向下。

(3)轻轻撑开阴道,用手电筒或反光镜照阴道,迅速进行观察。

3.妊娠母牛阴道的变化

妊娠2周后,阴道黏膜由未孕时的淡粉红色变为苍白色,干燥而无光泽,同时阴道收缩变紧,插入开张器时感到有较大阻力。检查时动作要迅速,否则会因时间过长,阴道受刺激转为充血状态。

怀孕初期,阴道中的黏液量变少,黏稠度增加,颜色混浊,呈灰白色或略带黄色。怀孕中期,阴道黏液量有增加趋势,有时甚至可流出阴门外(指子宫栓的更换期)。

妊娠后母牛的子宫颈紧闭,子宫颈阴道部变苍白,颈外口处堵有糨糊状的黏液块(子宫栓)。在妊娠过程中子宫栓有更替现象,被更替的黏液排出时,常黏附于阴门下角,并有粪草黏着。子宫颈的位置随妊娠的进展有所变化,怀孕初期一般位于阴道穹窿部的中央,以后由于子宫膨大下垂,使其受到牵引而向前下方移动,有时也偏向一侧。

四、B超检测法

随着超声波技术的发展,兽用B超仪越来越轻巧便携,B超检测法在动物妊娠诊断时更加安全、快速、简便、准确,因此得到了日益普及。

1.母猪的B超妊娠诊断

(1)探查部位。母猪的妊娠诊断通常采用体表探查,一般在下腹部左右,后肋部前的乳房上部,从最后一对乳房的后上方开始,随妊娠时间的增加,探查部位逐渐前移,最后可达肋骨后端。猪被毛稀少,探查时不必剪毛,但要保持探查部位的清洁。探查时探头表面要涂抹耦合剂(图9-1),增加探头与皮肤的紧密性,减少空隙和外界干扰。

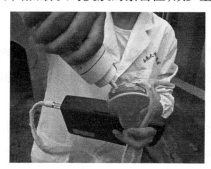

图9-1　在B超探头上涂抹耦合剂

(2)探查方法。探查时,探头紧贴腹壁,局部或探头涂布耦合剂,动作要慢,切勿在皮肤上滑动探头快速扫查。妊娠早期探查,探头朝向耻骨前缘,骨盆腔入口方向,或呈45°斜向对侧,进行前后和上下的定点扇形扫查(图9-2)。有时需将探头贴于腹壁向内紧压,以便挤开肠管能更接近子宫,提高检测率。因为在妊娠30 d以前,子宫通常还没有下垂接触到腹壁。

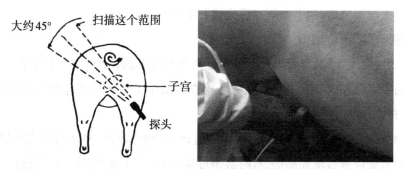

图9-2　利用B超探测母猪的方位示意图

(引自《兽用B超进行母猪妊娠诊断的要点及效益分析》,崔炳灿,2015)

(3)检测时间。母猪配种后25~30 d是B超诊断的最佳时间,此时孕囊影像明显,呈现规则的圆形黑圈,规则的圆形黑圈数代表胎儿的头数。随后半个月,再进行复检,以确定妊娠与否。

(4)判断方法。怀孕21~35 d可以观察到羊水,羊水图像呈蜂窝状,黑圈越来越大,羊水越来越少,猪的胎儿在30~35 d像黑皮球浮在空中。在实际操作中,同时能够探测到2个或2个以上的孕囊影像,才能确定妊娠。否则,只能作可疑认定。妊娠39 d后,胎儿骨骼反射增强,出现胎动;随后反射增强的骨骼逐步出现声像。妊娠47 d后,可逐步观察到胎儿的肝、胃(呈小的圆形暗区、位于躯体中部)。这些声像图变化,可指示胎儿早期的发育规律,并为鉴别死胎提供科学依据。妊娠中后期在下腹部可以大范围探到胎儿,胎位各式各样,有向上、向下、平行、重叠等。妊娠85日龄胎儿脊柱清晰显示,由于结缔组织、骨骼等声阻抗差大,回声反射强,影像最白,所以此时的B超影像呈现条状的白色影像,即为仔猪的脊椎和腹部。

未孕母猪的子宫在配种后25~60 d没有黑色圆圈,会显示规则平整的白云模样。未妊娠子宫角的壁对超声波的反射弱,其断面声像图呈各种不规则的圆形弱反射区,但要注意观察其界限,与肠管的断面相区别。

2.母牛的B超妊娠诊断

(1)探查部位。妊娠早期母牛的子宫位于盆腔入口前后,奶牛耻骨前被庞大的乳房所占,左侧为瘤胃,右侧为肠襻,臀部又有厚实的肌肉群,均离妊娠早期的子宫较远。因此,最佳的探查部位只能选择离子宫较近的阴道或直肠,此时只能选择B超直肠探头。妊娠中期、后期,当子宫下垂到接近腹壁时,可以在侧下腹壁进行探查。

(2)探查方法。直肠内探查:母牛取自然站立姿势保定于牛床上或柱栏内,如同进行直肠触诊和直肠把握输精一样,一人即可操作,不需特殊保定。必要时,助手在旁边固定尾巴。技术员先清除直肠内的粪便,将探头涂布耦合剂,外覆避孕套扎紧,将探头送入直肠,隔直肠壁对子宫区域做前后左右扇形扫查,探头可适当旋转或倾斜,做多角度扫查。需要特别强调的是,在早期探查时探头下压的力量要尽量小,尽量减少对子宫角的挤压,以免造成附植不太牢固的胚胎发生分离而导致胚胎吸收或丢失。腹壁探查:用于妊娠中期和后期,在右侧膝关节与腹壁皱褶处,局部适当剪毛,涂耦合剂,一般取定点扇形扫查。

(3)检测时间。B超断层扫描可以直接观察妊娠开始后子宫内的最初变化,诊断早孕的时间比A型、D型都早。在妊娠22 d诊断符合率达50%,25~30 d即可达到100%。提高超声波频率和分辨力,诊断早孕的时间还可提早。

生产中以母牛第二次配种当天开始计算时间,配种后28 d开始监测,早期每2~5 d监测一次,40 d后每5~10 d监测一次,一直到90 d左右。

(4)判断方法。母牛妊娠早期(30 d左右),子宫中出现孕囊,又称妊娠囊,内含早期胎水,量少,呈小的暗区,随妊娠的发展,暗区不断扩大呈不规则形。妊娠40 d后可在孕囊暗区内扫查到胚斑反射,呈椭圆形低强回声光团,在胚斑中一般可同时观察到规律的、快速闪动的线性亮点,此为原始心管搏动。妊娠60 d后胚胎逐渐显出胎儿固有轮廓,胎头、躯体及四肢逐渐发育完善,出现胎动及内脏器官(肝、胃等),这些声像图变化可提示胎儿的早期发育,并为鉴别死胎提供科学依据。

母牛如果未孕,则未孕子宫角位于膀胱的左右或前方,膀胱腔内为无回声较规则的液性暗区,未妊娠子宫角的壁对超声波的反射弱,其断面声像图呈不规则的圆形弱反射区(图9-3),但要注意观察其界限,与肠管的断面相区别。10 d后应复查,以免误诊。

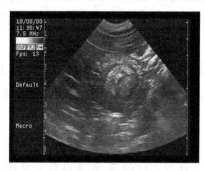 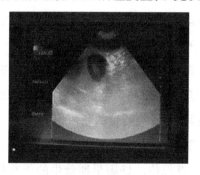

A.未孕母牛子宫角　B.母牛妊娠30 d子宫角

图9-3　母牛B超检测图

(引自《B超在奶牛繁殖工作中的应用》,王少华,2007)

母牛卵巢呈一弱反射的团块,直径在2 cm以上,如有发育的卵泡及黄体,则在团块中出现多个相邻的圆形小暗区,边缘清晰。

【结果分析与判断】

(1)将动物的外部观察结果填入表9-1中。

表9-1　动物的外部观察结果

编号	动物种类	配种日期	观察日期	是否返情	行为变化	外生殖器变化	诊断结果

(2)将母牛的直肠检查与B超检测结果填入表9-2中。

表9-2　母牛的直肠检查与B超检测结果

母牛耳号	配种时间	检查时间	直肠检查		B超检测		鉴定结果
			子宫状况	卵巢状况	子宫状况	卵巢状况	

(3)将母猪的外部观察与B超检测结果填入表9-3中。

表9-3　母猪的外部观察与B超检测结果

母猪耳号	配种时间	检查时间	外部观察		B超检测		鉴定结果
			行为变化	外生殖器变化	胎儿状况	胎儿数量	

【注意事项】

(1)运用直肠检查法做母牛妊娠诊断时,操作者在触感子宫、卵巢时切忌不能过于用力,以防止胚泡/胎儿受损,防止卵巢黄体受损。

(2)进行妊娠母牛阴道检查时,操作动作要快、轻柔,不能破坏母牛子宫颈栓,注意器械消毒,防止母牛阴道感染。

(3)使用B超时,根据动物类型和探查部位选用合适的探头才能保证检查效果。

【复习思考题】

(1)母猪的早期妊娠诊断采用什么方法准确率较高?

(2)阴道检查法可以准确判断动物的妊娠状态吗?

(3)兽用B超在动物繁殖上还有哪些用途?

(4)对于大群体养殖的生产场,还有哪些简便快速准确的妊娠诊断方法?

【拓展学习】

1.相关研究文献

(1)陈超,张欣欣,安志高,等.奶牛早期妊娠诊断技术的研究进展[J].中国奶牛.2019(4).

(2)李艳艳.牛妊娠相关糖蛋白(PAG)ELISA检测技术的应用研究[D].杨凌:西北农

林科技大学，2015.

（3）Arashiro EKN, Ungerfeld R, Clariget RP, et al. Early pregnancy diagnosis in ewes by subjective assessment of luteal vascularisation using colour Doppler ultrasonography[J]. Theriogenology. 2018, 106.

（4）Romano JE, Bryan K, Ramos RS, et al. Effect of early pregnancy diagnosis by per rectum amniotic sac palpation on pregnancy loss, calving rates, and abnormalities in newborn dairy calves[J]. Theriogenology. 2016, 85(3).

2.知识拓展

超声波诊断是20世纪60年代发展起来的检测技术，并且随着技术的发展，仪器的便携性能，成像性能、诊断准确性也日益提升，越来越多地运用在畜牧兽医生产领域。

（1）超声波的概念与基本原理：

超声波通常是指频率高于 20 000 Hz 的高频振动机械波，其传播介质可以是气体、液体或者固体。超声波在介质中传播，遇到声阻抗相差较大的界面（不同传播介质的交界面）时即发生强烈反射。反射波被超声探头接收后，就会作用于探头内的压电晶片。超声波作用于换能器中的压电晶片，使压电晶片发生压缩和拉伸，于是改变了压电晶片两端表面电荷，即声能转变为电能，这就是正压电效应。主机将这种高频变化的微弱电信号进行处理、放大，以波形、光点、声音等形式表示出来。

（2）B型超声诊断法与B超成像原理：

B型超声诊断法是将回声信号以光点明暗，即灰阶的形式显示出来。光点的强弱反映回声界面反射和超声波衰减的强弱。这些光点、光线和光面构成了被探测部位二维断层图像或切面图像，这种图像称为声像图。动物体内的结缔组织、脂肪、骨骼等声阻抗差大，回声反射强，影像最白。肝、肾、脾等实质器官声阻抗差小，回声反射较弱，影像为灰色。液体成分如血液、尿液等声阻抗差最小，回声反射最弱或无回声，影像呈黑色。正常的组织器官或异常的病理变化，根据其不同的声阻抗差而显示出不同灰度的图像，灰阶愈多，分辨力愈高，图像愈清晰。另外，超声波在各种介质中的波速为：脂肪 1 430 m/s，肌肉 1 620 m/s，软组织平均 1 540 m/s，骨骼 3 500 m/s。屏幕上显示的图像的灰度区别了组织的差异，密度高的组织呈白色，中等密度的呈灰色。

（3）B超探头的选择：

探头的频率可分为 3.5 MHz、5.0 MHz、7.5 MHz、10.0 MHz。超声探头频率越高，其显现力和分辨力越强；但频率越高，其信号衰弱越显著，导致超声波所能传达的深度也会越浅。因此，探测较深部位的组织时应尽可能选用低频探头，反之则选用高频探头。

用 B 超仪时常采用 3.5 MHz 和 5.0 MHz 频率的探头进行体壁探查,在进行腔内探查时,一般采用 5.0 MHz、7.5 MHz、10.0 MHz 的探头,同时还要尽量贴近被探查的部位。

(4)B 超在畜牧生产领域的主要应用范围:

随着 B 超设备的改进和超声波诊断技术的深入发展,目前 B 超已经在畜牧兽医领域得到了多方面的应用:检测母畜发情周期、妊娠诊断、胎儿性别鉴定、胎儿发育监测、繁殖产科疾病诊断、背膘厚度及眼肌面积测定等。

问题:

超声波技术在动物生产中的应用还有哪些?

第三部分

综合性实习

实习1

猪的人工授精技术

【案例及问题】

案例：

我国的猪人工授精技术试验始于20世纪50年代，60年代以后才逐渐转入应用，到90年代以后，猪人工授精技术在养猪生产中的运用逐渐趋于成熟。目前猪的人工授精技术主要有3种模式：传统人工授精、深部输精（Deep Insemination，DI）和定时输精（Timed Artificial Insemination，TAI）。

问题：

（1）人工授精技术有哪些优点？在生产中具有什么重要意义？

（2）目前我国猪场普遍应用的人工授精技术主要是哪种模式？

【实习目的】

通过对猪的人工授精相关技术整体实习，让学生在学习好理论基础后，充分理解和掌握猪人工授精技术（繁殖技术）的基本原理、技术程序、实践操作，使其能够在现代化的养猪生产中，做好猪场的繁殖管理，积极提高猪场的繁殖效率。

【实习流程】

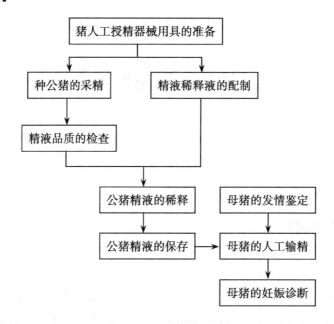

【实习内容】

一、猪人工授精器械用具的准备

由于各地猪人工授精采用的工作流程不同,所需的设备和用品也会有差异。但是都必须准备一些最基本器械和用具,包括:恒温水浴锅、显微镜和恒温载物台、恒温冰箱、电子天平,采精手套、保温杯、纸巾、专用过滤布、各种输精管等。

所有的器械用具,凡是需要和公猪精液接触的部分,必须要清洗灭菌处理,保证精液不会受到人为污染。

二、精液稀释液的配制

1. 稀释液配制用品的准备

接触稀释液的任何物品都必须是洁净和无菌的。配制稀释液所用的锥形瓶、烧杯等在使用前,可以先用洗涤剂充分刷洗,再用自来水冲净,有条件的可以最后用蒸馏水再充分冲洗3~4次。洗净的锥形瓶等沥干后,放入消毒柜或者高温灭菌箱中灭菌,灭菌条件为120 ℃ 30 min,然后自然冷却待用。

2. 稀释液药品的称取

根据稀释液配方,准备好相应的药品,药品最好选用分析纯级别,按配方剂量准确称取,然后倒入烧杯中。

3.稀释液药品的溶解、过滤与灭菌

将量取好的蒸馏水缓缓倒入装有药品的烧杯中,用玻璃棒轻轻搅拌均匀,直至药品全部溶解。再将溶液用滤纸过滤入锥形瓶中,放入水浴锅中100 ℃保持30 min灭菌。

4.稀释液特殊成分的添加

待灭菌后的稀释液在室温下自然冷却后,再添加一些特殊成分:如抗生素、血清蛋白、卵黄等容易受高温影响的物质。

5.使用稀释粉配制稀释液(免消毒)

目前市场上开发了诸多公猪精液稀释粉,可以直接按照说明加入500 mL或1 000 mL蒸馏水,溶解搅拌均匀即可。

三、种公猪的采精(手握法)

1.集精杯的准备

首先取出清洗灭菌好的集精杯,将一次性使用的精液过滤布盖在集精杯杯口,然后用橡皮筋将过滤布固定在集精杯外沿上。

2.采精室的准备

采精前,搞好清洁卫生,并保证室内空气中没有飞扬的尘土。再检查假母猪台是否安放稳当、高度是否合适,并用拧干的湿毛巾擦拭假母猪台的台面及后躯下部。然后将橡胶防滑垫放在假母猪的后方,防止公猪爬跨时摔倒。

3.种公猪的准备

打开种公猪圈,将种公猪赶入采精室。

首先要用毛刷刷公猪体表,尤其是要清除其下腹和侧部的灰尘与污物。平时要定期驱除公猪体表和体内的寄生虫,保持公猪皮肤健康,以减少采精时公猪体表皮屑落入精液中的可能。如果公猪的阴毛过长,应进行修剪。

4.挤出公猪包皮液

采精人员戴上2~3层PE或乳胶手套,在公猪爬跨上假母猪台后,快速按摩并向前挤压种公猪包皮囊,将其中的包皮液挤尽,并用消毒纸巾擦净包皮口。然后,采精人员脱去戴在手上最外层的手套。

5.精液采集

采精人员右手弯曲握成空拳状,蹲在公猪一侧准备。当公猪爬跨假母猪台并伸出阴茎时,将公猪螺旋龟头导入握成的空拳中,让阴茎自由抽动片刻,再握紧螺旋部不让龟头转动。当阴茎充分勃起后顺势向前牵拉,手指有弹性并有节奏地松压,即可引起公猪射精,然后采用蒙有过滤布的保温集精杯收集富含精子的精液。公猪射精时间可持

续5~7 min,分3~4次射出。第一段射出的精液,颜色透明,主要是副性腺分泌物,含精子较少且污染严重,可不收集。每次射精间隙不要松手,应按此法再次刺激公猪龟头,直至射精完全结束。

6.精液的传递

将集精杯从传递窗口送到精液处理室,马上进行品质检查和稀释处理。

四、公猪精液的品质检查

(一)外观检测项目

1.射精量的检查

按照规范的采精操作,种公猪的射精量一般是150~500 mL,平均为250 mL。如果公猪的采精量超出正常范围或低于正常范围,应注意查找原因。采精量过多可能是由于混有尿液,采精量过少可能是由于采精频率过高或公猪副性腺病变及炎症反应等。

种公猪精液的密度约为1.02 g/mL,因此可以采用称重的方式来估算其精液量,从而不影响后面的操作。

2.精液颜色的检查

正常公猪的精液颜色为浅灰白色或乳白色。白色越浓厚,说明其精液密度越高。如果精液呈红色或红褐色,表明精液可能混有鲜血或陈血。精液呈黄褐色,则可能混有尿液。

3.精液的气味

嗅闻正常公猪精液,其只有很淡的腥味。如果有腥臭味,则可能是精液中混有脓液,如有腥臊味,则可能是混有尿液或包皮液。

4.精液的pH

检查精液pH可以直接用精密中性试纸显色检测。正常公猪精液的pH为7.3~7.9,平均为7.5。

(二)显微镜检查项目

1.精子活力的检查

精子活力是指精液中呈直线前进运动的精子数量在全部精子数量中的占比。精子活力可以直接反映精子自身的代谢机能,与精子授精能力密切相关,是评价精液质量的一个重要指标。精子活力的评定一般在采精后、精液处理前后和输精前均应进行。

(1)保温处理:将新鲜精液放入恒温水浴锅中,保持其温度在30 ℃左右。同时将载玻片放在恒温台上,保持其温度在37.5 ℃,进行预热。

(2)取样:将公猪精液轻轻摇匀,再用玻璃棒蘸取一滴于载玻片上,然后用盖玻片成

45°轻轻盖上。

(3)镜检:将载玻片调节入显微镜视野内,调节适当光线,放大100~400倍快速观察。按照十级制评定其精子活力:直线前进运动精子为100%者评为1.0级;90%者评为0.9级,依此类推。

2.精子密度的检查

(1)取样:用加样器先吸取50 μL公猪原精液,再吸取0.95 mL 3%NaCl溶液与其混匀。

(2)加样:将血细胞计数板放于显微镜镜头下,盖上盖玻片,将血球吸管中的样品滴一滴于盖玻片边缘,使样品自行流入计数室,均匀充满,不能有气泡,样品不能过多。

(3)计数精子:显微镜放大400~600倍,抽样计数计数室内的精子数量。计数以精子头部为准,精子头部在中方格内的均要计数。为了避免计数重复或者遗漏,计数时按照从左到右再从右到左,视线走"Z"字形的连续方式进行;精子头部压在中方格分界线上的,只计压在上界线和左界线上的精子。简言之:数上不数下,数左不数右。

(4)换算精子密度:统计出5个中方格中的精子总数后,再代入公式中换算成1 mL中精子的数量(精子密度)。

精子密度(个/mL)=5个中方格中精子总数×5×10×1 000×稀释倍数

为了减少误差,每份精液样品需要进行2次精子计数,如果2次计数的数值相差在5%以上时,则应该重新取样再做检查。

3.精子畸形率的检查

(1)取样:将公猪精液轻轻摇匀,然后用玻璃棒蘸取一滴,滴在载玻片(A)1/3侧处。

(2)抹片:另一载玻片(B)的顶端呈35°接触精液,精液被吸为一条线,然后快速向载玻片(A)另一端抹去,将精液均匀涂抹于载玻片(A)上。然后将抹片自然晾干。

(3)固定:抹片晾干后,在抹片上滴满95%的酒精,固定5 min。酒精可以使精子膜的表面物质变性,从而使精子附着在载玻片表面,避免冲洗时被冲走。

(4)染色:先甩去抹片上的酒精,等到残留的酒精完全挥发后再滴上染液覆盖住抹片,染色5~7 min。常用的染液有红墨水、纯蓝墨水、伊红染液、龙胆紫染液等。

(5)冲洗:染色完成后,将载玻片微微倾斜,用装满蒸馏水的洗瓶以较小的水流轻轻冲洗掉抹片上的染液。冲洗干净后,甩去多余的水,也可以用纸巾轻轻地吸掉载玻片上的水。

(6)镜检:将染好色的抹片放在显微镜上,先放大100倍观察到精子,然后放大400倍观察。计数畸形精子(图1-1)时,要观察5个以上的视野,总精子数不低于200个。种公猪的畸形精子率不能超过18%,否则公猪精液为不合格。

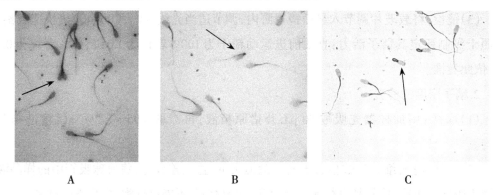

A.双头精子 B.尾部打折精子 C.尾部卷曲精子

图1-1 公猪精液畸形精子(箭头所指)

五、公猪精液的稀释

(1)将公猪精液与稀释液进行同温处理(30 ℃恒温水浴锅)。

(2)将稀释液沿着精液瓶缓缓加入,同时轻轻摇匀。

(3)精液稀释后,静置5 min检查精子活力。正规操作的稀释不会造成精子活力的明显下降,如果检查到精子活力在稀释后下降明显,则说明稀释处理不当或稀释液存在问题。

(4)稀释好的精液,马上进行分装,并盖紧瓶盖。

六、公猪精液的保存

因为公猪精子对低温的耐受力较差,所以生产上对公猪精液的保存通常采用常温保存,低温保存和冷冻保存的精液效果不好,一般不用于商品猪的生产。

公猪精液在15~25 ℃条件下均可以保存,短期(1~2 d)保存和运输的话,这个温度范围对精液质量不会有明显的影响。但是温度过高会缩短精液的有效期。所以,在猪人工授精站,精液的最适宜保存温度应控制在16~18 ℃。

保存时,将分装好的公猪精液,用毛巾简单地包裹好,然后直接放入公猪精液保存专用恒温箱内,控制温度在17 ℃。在保存期间,建议每隔4~6 h将精液瓶轻轻摇匀一次,防止时间过长精子沉淀而影响到精子的存活。

七、母猪的发情鉴定

1.外部观察法

外部观察法主要是通过对母畜个体的观察,视其外部表现和精神状态的变化,来判断是否发情以及发情的状况。运用此方法时,最好是从发现母畜开始发情时就进行定期观察,了解其发情变化的全过程,从而获得较准确的鉴定结果。

发情动物常表现为精神不安,来回走动,大叫,食欲减退甚至拒食,外阴部充血肿胀,湿润,有黏液流出,频频排尿,对周围的环境和雄性动物的反应敏感。发情母猪表现为食欲剧减甚至废绝,在圈内不停走动,碰撞骚扰,拱地,啃嚼门闩企图外出,不停爬跨其他母猪,而且也接受其他母猪的爬跨。

2.试情法

试情法是利用体质健壮、性欲旺盛及无恶癖、经过处理的非种用公畜,令其接近鉴定母畜,根据母畜对公畜接近时的亲疏行为表现,来判断其发情程度。

发情母猪听到公猪叫声,则四处张望,当公猪接近时,顿时变得温顺安静,接受公猪交配。发情鉴定时常采用一种背压测试观察,即用手按压发情母猪背部时,母猪站立不动,尾翘起,凹腰拱背,向前推动不仅不逃脱反而有抵抗的反作用力。

八、母猪的人工输精(图1-2)

(1)将精液瓶中的精液轻轻摇匀,再折断瓶盖上的蝶形头,然后与输精器后端连接固定好。

(2)扯开输精器海绵头端的包装,露出海绵头,然后在海绵头上涂上少许润滑剂。

(3)先用0.1%高锰酸钾溶液清洗母猪外阴部污垢,再用0.9%生理盐水冲洗干净高锰酸钾溶液。

(4)输精时先用手把阴唇分开,将输精管向上倾斜45°插入阴道,当输精管螺旋段输入到阴道深部达子宫颈口时,会感到有较大的阻力,此时应将输精管逆时针螺旋式向前推进。当输精管深入8~10 cm时,螺旋段后部的栓塞恰好也进入子宫颈口2~3 cm处。向前推进阻力增大,此时便可停止前进。然后将输精管轻轻向后退2~3 cm,感到阻力很大,轻轻松手后输精管能自然缩回阴道内,表明子宫颈已被栓塞塞严,此时即可输精。

(5)输精时,让精液缓缓自行被吸入到母猪体内。在实践中,按压母猪腰荐部或抚摸母猪乳房区域,有利于母猪子宫蠕动,使精液更好地进入到子宫中。

(6)当精液完全输入子宫内后,不要将输精管立即拔出,应将输精管尾部插入精液瓶盖短塞中或者折弯插入输精瓶中,防止精液倒流,待3~5 min后,再将输精管缓慢取出(图1-3)。

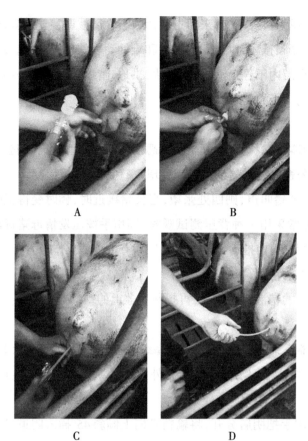

A.输精器前端涂抹润滑剂　B.分开母猪阴门　C.旋转推入输精器　D.抬高精液瓶缓缓输入精液

图1-2　母猪人工输精过程

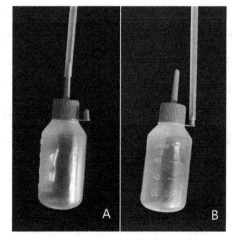

A.输精时输精管末端插入输精瓶连接管　B.输精后输精管插入精液瓶盖短塞中

图1-3　输精管与精液瓶塞子的使用方法

九、母猪的妊娠诊断

1.外部观察法

母猪配种(受精)一个性周期后,应注意观察母猪是否再次发情。如果连续1~2个发情周期不发情,则可能已妊娠。这种方法对发情周期比较规律的母猪,有着一定的实用性,其准确率一般可超过80%。母猪妊娠后一般表现为:回避公猪,并拒绝公猪爬跨;食欲增加,毛色润泽,膘情良好,体重增加,性情温顺,到2个月后,腹围增大,腹部侧向下垂。

2.B超检查法

超声波诊断法是把超声波的物理特点和动物组织结构的声学特点密切结合的一种物理学诊断方法。它以高频声波对动物的子宫进行探查,碰到母畜子宫不同组织结构出现不同的反射,然后将其回波放大后以不同的形式转化成不同的信号显示出来,以探知胚胎的存在。超声波早期诊断动物妊娠具有安全、准确、简便、快速等优点,是较为理想的早期妊娠诊断方法。

母猪的B超法妊娠诊断详细操作见《实验9 动物的妊娠诊断技术》。

【注意事项】

(1)对公猪进行采精操作时,操作人员应多注意自身的安全。

(2)精液采集好后,应及时送往实验室,同时要求实验室在此之前做好后续工作的相关准备。

(3)在精液品质检查时尽量减小操作者造成的误差。

(4)对母猪的输精通常只能进行演示,要求学生在猪舍内保持安静,并注意安全。

(5)需要准确记录实习中观察到的现象变化,并做出合理的分析,提出改善意见。

【实习评价】

(1)学生能够在基础性实验的学习后,掌握猪场常用的一整套繁殖技术,并能较为熟练地将其运用到生产中,改善目前的生产状况,提高猪场繁殖效率。

(2)学生在猪的人工授精技术的相关实习中,应培养较高的专业素养,展现专业的操作技能,并能够在实践中发现问题、解决问题,具有整体大局意识,具备一定的全局掌控和管理能力。

(3)通过教师测评(80%)和学生自评(20%)的方式得出最终的实习测评成绩。

(4)教师测评成绩包括实习操作能力(40%)和实习报告(60%)。

(5)学生自评成绩包括班级出勤考核(60%)、自我完成效果评测(20%)、自我专业素养和创新能力自评(20%)。

【实习拓展】

1.相关研究文献

（1）周琳.猪人工授精技术的发展及应用[J].猪业科学.2019，36（3）.

（2）李继仁，胡霞玲.猪人工授精中性行为的缺失与弥补[J].畜牧与兽医.2015，47（9）.

（3）Yang CH，Wu TW，Cheng FP，et al. Effects of different cryoprotectants and freezing methods on post-thaw boar semen quality[J]. Reproductive Biology. 2016，16（1）.

（4）Didion BA，Braun GD，Duggan MV. Field fertility of frozen boar semen: A retrospective report comprising over 2600 AI services spanning a four year period[J]. Animal Reproduction Science. 2013，137（3/4）.

2.知识拓展

猪冷冻精液的发展

1949年英国科学家Polge、Parkes等发现甘油（丙三醇）对牛精子具有抗冻保护作用，这极大地推动了动物精液冷冻保存技术的发展。1956年，Polge等首次报道进行猪精液冷冻保存，并进行了人工授精试验。紧接着，1957年Hess等用猪的冻精进行人工输精，并产下仔猪。1970年，Polge用外科腹腔授精法将解冻后的精液注入输卵管，得到83%的受精率。随后，美国的Crabo（1971）、大洋洲的Salamon（1972）、法国的Paquignon（1973）和德国的Westendorf（1975）先后报道，用冻精以常规子宫颈输精法配种，母畜成功分娩。至此，证明冷冻保存后猪的精子仍具有授精的能力。1975年，Pursel等简化了猪精液冷冻和解冻的过程，并用颗粒冻精给23头母猪输精，获得了很高的受胎率。同年，Westendorf采用细管冷冻精液试配30头母猪，剖检后确定受胎率达到70%。从此，猪的精液冷冻技术开始逐渐被应用到养猪生产实践中，并不断优化操作程序。

我国从1972年底开始进行液氮冷冻精液技术的研究和推广，20世纪80年代从国外引进生产冷冻精液的技术和设备，90年代冷冻精液逐步由颗粒型转向细管型。目前，冷冻精液在黄牛改良、肉牛生产方面已得到较好的应用，奶牛全部实现冷冻精液配种，在骆驼、犬、兔、狐狸、大熊猫等特种动物及野生动物的繁殖和种质资源保护中也极大地发挥了作用，但在猪生产实践中尚未得到普遍推广应用。

牛的人工授精技术

【案例及问题】

案例：

某养殖户家有一头3岁多黄母牛（已产犊2头），在5月20日顺利产下一头公犊。8月11日中午开始产后第一次发情，阴门流白色夹杂红色的黏液，当地畜牧兽医站配种员在次日上午进行了人工输精。但是，在8月19日晚上，母牛阴门又开始阴户红肿并流出白色黏液，晚上至次日早上共流白色黏液4次。配种员在20日中午检查后，对母牛重复进行了输精配种，并且输精过程中插枪顺利，无阻塞感。第二年6月初母牛顺利产下一头母犊。

基层配种员称此现象为"打回栏"，在生产中大约有5%的产后母牛，产后第一次正常发情、排卵、配种，但是很快又出现第二次发情，间隔时间在3~10 d，并且发情征状明显，直肠检查有良好的卵泡发育。若配种员检查工作得当，能够及时重新输精配种，其受胎率可以达到85%~91%。

问题：

（1）母牛产后发情的一般规律是什么？

（2）母牛"打回栏"现象的原因是什么？

（3）母牛配种前需要注意哪些事项？

【实习目的】

通过对牛人工授精相关技术系统地实习，让学生能将理论知识充分地结合生产实践，理解现代化牛场的人工授精技术（繁殖技术）的基本原理、技术程序，并掌握各个环节的关键技术操作，提高牛场的繁殖效率和经济效益。

【实习流程】

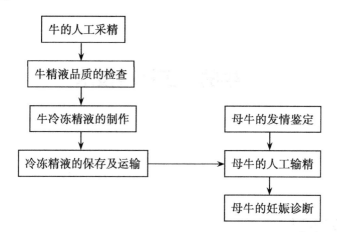

【实习内容】

一、牛的人工采精

牛的人工采精主要采用假阴道法。

（一）假阴道的安装方法

假阴道的安装方法详见《实验4 人工授精器材的识别与假阴道的安装》。

（二）假阴道法采精

1.台牛的保定

将台牛固定于配种架内，缠尾并系于一侧，有时也可用公牛或不发情母牛作台牛。然后清洗台牛的外阴部及臀部。

2.假阴道的检查

检查假阴道内腔的温度和压力，采精时的温度一般应为40 ℃左右，压力适中，并在假阴道的入口盖上消毒纱布。

3.种公牛的性准备

采精前可让公牛观察其他公牛的采精，或在采精时不使其立即爬跨，而适当空爬几次，以加强采精前的性刺激。当公牛阴茎充分勃起并有少量分泌物排出时，再令其爬跨，可收到好的效果。采精员右手持假阴道，立于台牛臀部右侧，准备采精。

4.种公牛的射精

公牛阴茎充分勃起爬跨时，采精员左手准确地托住包皮（切勿触及阴茎），迅速将阴茎导入假阴道入口（假阴道应与阴茎的方向和角度一致）。随后，公牛阴茎在假阴道内完成多次抽插活动，当公牛阴茎导入假阴道并伴随后躯向前强烈地耸跳时，即完成射精。

5.收集精液

公牛射精后,将假阴道集精杯端向下倾斜,打开活塞阀门,使精液完全流入集精杯。同时随公牛跳下的动作顺势取下假阴道,并盖上纱布,以防灰尘污染。

6.运送精液

将采集到的公牛精液通过传递窗口及时送至实验室检查精液品质(如图2-1)。

图2-1　传输窗口传递精液

二、牛精液品质的检查

牛的射精量通常为4~8 mL,为乳白色或浅乳黄色(含有核黄素)。对于品质优良的公牛精液和制作冷冻精液的新鲜精液,要求精子活力大于0.7,精子畸形率小于18%。

检查方法详见《实验7 动物精液品质评定》。

三、牛冷冻精液的制作

详细步骤及操作方法详见《实验8 冷冻精液的制作》。

四、牛冻精的保存及运输

1.液氮罐的检查

液氮罐在使用前需要进行细致的检查。检查液氮罐外部是否有破损或撞击痕迹。检查装有液氮的液氮罐罐身或罐口是否有结霜结冰现象,如有,则说明液氮罐可能有破损或者保温隔热效果不佳,应该及时更换液氮罐。

2.冻精的保存

冻结好的精液,经解冻检查合格后,即按品种、编号、采精日期、型号分别包装,做好标记,用纱布袋收集起来,放入液氮罐中贮存备用,注意液氮的量要完全浸没细管冻精。

3.液氮的检查

在精液保存期间,要求液氮能一直保持足够的量,可将冻精完全浸没。因此,需要定期检查液氮罐内液氮的存量,当液氮减少至总容量的1/4~1/3时需及时补充。检查方法可以采用称重法或者直尺测量法。

4.液氮罐的放置

由于液氮会缓慢地气化,因此为了保证安全,液氮罐应放置在阴凉、避光、通风、平稳的地方,延长液氮的使用时间。

5.冻精的取放

平时取放冻精时,提筒只能上提到液氮罐颈口下方(一般要求不超过结霜线),严禁提到外面。取放冻精动作要迅速,每次控制在10 s之内完成,然后及时放回提筒并盖好罐塞。

6.冻精的运输

运输前要将液氮罐灌满液氮,容器外围包上保护外套。装卸液氮罐时,要轻拿轻放,装车时安放平稳并固牢,严禁剧烈撞击和倾倒,也不能叠放或用物品重压。运输途中要避免高温和强烈震动,如果运输时间过长还应途中及时补充液氮。

五、母牛的发情鉴定

1.母牛的发情征状

母牛生长发育到初情期/性成熟后,由于卵巢的功能逐渐完善,在垂体促性腺激素的作用下,卵巢上有卵泡发育并分泌雌激素,引起生殖器官和行为的一系列变化,并产生性欲,母牛所处的这种生理状态称为发情。完整的发情应包括以下3个方面的生理变化:①卵巢有卵泡发育和排卵等变化;②生殖道有充血、肿胀和排出黏液等变化;③行为上有兴奋不安、食欲减退和产生交配欲等变化。

(1)卵巢变化:至发情前2~3 d卵泡发育迅速,卵泡内膜增生;到发情时卵泡已发育成熟,卵泡液分泌增多,随后卵泡壁变薄,卵泡突出于卵巢表面,体积达到最大,在激素的作用下,卵泡壁破裂,发生排卵。

(2)生殖道变化:发情时随着卵泡的发育和成熟,雌激素分泌增多。母牛在雌激素的刺激下,外阴部变得充血、肿胀、松软;阴道黏膜充血、潮红;子宫和输卵管平滑肌的蠕动加强,子宫颈松弛,子宫颈口开放,腺体分泌机能增强,有黏液分泌。发情前期黏液量少;发情盛期黏液较多,稀薄透明并从阴门流出;而发情末期黏液量少且浓稠。发情时生殖道的明显变化是鉴别发情的依据之一。

(3)行为变化:卵泡分泌的雌激素和少量孕激素,刺激中枢神经系统,引起性兴奋,发情母牛表现为食欲减退、有时哞叫、举腰拱背、频繁排尿,或到处走动,(奶牛)泌乳量下降。发情母牛最典型的行为变化是常常爬跨他牛或静立不动接受他牛的爬跨。母牛在发情开始时不大愿意接受爬跨,被爬跨时有逃避现象,但在发情旺盛时,接受其他牛爬跨,静立不逃跑,这种状态称为"静立发情"。

2.外部观察法

外部观察法是生产中最常用的方法。为了获得准确的鉴定结果,应建立对母牛群或个体的监控系统和定时观察制度,以便准确认定个体发情起始时间,掌握其发情进程。通过对母牛的外部观察,可以将发情母牛分为以下3个时期。

(1)发情初期:刚刚发情的母牛常常试图爬跨其他牛,但不接受其他牛的爬跨;兴奋不安、放牧时到处乱跑,上槽时乱爬跨,并且食欲减退,对环境敏感、大声叫,外阴部充血肿胀,从阴门中流出少量透明黏液,如清水样,黏性弱。

(2)发情盛期:发情盛期中母牛追随和爬跨其他牛,也愿意接受其他牛的爬跨,被爬跨时静立不动呈交配状。仍兴奋不安,食欲减退、反刍减少或停止,产乳量下降,阴户肿胀充血,皱褶展开、潮红、湿润,阴道、子宫颈黏膜充血,子宫颈口开张,从阴门流出大量透明黏液,牵缕性强,呈粗玻璃棒状,不易拉断。

(3)发情后期:进入发情后期的母牛兴奋性明显减弱,稍有食欲,黏液量少,黏液牵缕性差,呈乳白色而浓稠,流出的黏液常粘在阴唇下部或臀部周围。处女母牛从阴门流出的黏液常混有少量血液,呈淡红色。试情公牛基本不再尾随和爬跨母牛,对其他母牛也避而远之。

母水牛的发情表现没有母黄牛、奶牛明显,但发情开始后也兴奋不安,常站在一边抬头观望,注意外界的动静,吃草减少,偶尔叫或离群,常有公牛跟随。外阴部微充血肿胀,黏膜稍红,子宫颈口微开,黏液稀薄透明,不接受爬跨。发情盛期,外阴部充血肿胀明显,子宫颈口张开,排出大量透明、牵缕性强的黏液,安静地接受公牛或其他母牛爬跨。发情末期征状逐渐减少至消失。水牛常常出现安静发情。

采用群体饲养时,由于发情母牛会爬跨其他牛或接受其他牛的爬跨行为,因此生产中也有部分牛场采用尾部记号笔的方法来鉴定发情母牛。牛场技术人员每天在母牛放入运动场前,用颜色鲜艳的记号蜡笔对母牛尾根部进行涂抹记号,涂抹的部位从母牛坐骨结节5 cm后开始至尾根部,涂抹宽度大概2 cm,每头母牛至少做一次记号,如果观察到尾根部的记号被蹭掉,外阴部有黏液流出,被毛凌乱,阴门肿胀,尾部或后侧皮肤上有黏液,阴门内红润光滑,然后结合母牛的生产管理记录,便可较为准确地判断出母牛已发情。

3.直肠检查法

直肠检查法也是牛场常用的方法,操作熟练的技术人员,可利用直肠检查来触摸卵巢变化及卵泡发育程度以判断发情阶段和配种适期,有利于提高受胎率。对于牛场中发情异常的母牛(安静发情或发情持续期延长,或排卵延迟),使用直肠检查显得尤为必要。

(1)操作方法：首先将待检母牛保定好，并用温肥皂水或0.1%的高锰酸钾溶液清洗外阴部和肛门，技术人员穿好工作服，戴上专用长臂手套，再将手套涂以润滑剂（液体石蜡油、肥皂或医用凡士林等），五指并拢呈锥状，慢慢插入母牛肛门，伸入直肠中，然后分多次掏出直肠内的粪便。而后，技术人员手掌在母牛直肠内展开，手心向下，轻轻下压并左右抚摸，在骨盆底上方摸到棒状且具有肉质弹性的子宫颈，然后沿子宫颈向前移动，便可摸到子宫体、子宫角间沟和子宫角，再向前伸至角间沟分叉处，将手移动到一侧子宫角处，手指向前并向下，在子宫角弯曲处即可摸到卵巢。此时可用手指肚细致轻稳地触摸卵巢，检查卵泡发育情况，如卵巢大小、形状，卵泡波动及紧张程度、弹性和泡壁厚薄，卵泡是否破裂，有无黄体等。触摸完一侧后，按同样的手法移至另一侧卵巢上，触摸了解其各种性状。详细操作方法详见《实验5 雌性大动物生殖器官的直肠检查》

(2)母牛卵泡发育规律：母牛在发情期，卵巢上有发育的卵泡，卵泡由小变大，由硬变软，由无弹性到有弹性。按卵泡发育的大小和性状，可划分为以下4个阶段：

第一期：卵泡出现期。有卵泡开始发育，一侧卵巢稍有增大，卵泡直径为0.50~0.75 cm，波动不明显，指压之似觉有一软化点。从发情开始算起，此期约10 h。

第二期：卵泡发育期。卵泡发育到1.0~1.5 cm，呈小球状，突出于卵巢表面，卵泡壁较厚，有波动感，这一期约为10~12 h。在此期后半期发情表现已减弱，甚至消失。卵巢机能衰弱的母牛，此期的时间较长。

第三期：卵泡成熟期。卵泡发育不再增大（图2-2），卵泡壁变薄，有一触即破之感，波动明显。这一期约为6~8 h，是输精的恰当时期，受胎率高。

第四期：排卵期。卵泡破裂排卵，由于卵泡液流失，卵泡壁变松软成凹形。排卵后6~8 h在卵泡破裂的小凹陷处黄体开始发育长大，凹陷的卵泡开始被填平，可摸到质地柔软的新黄体。

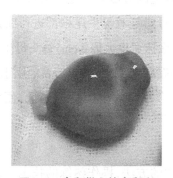

图2-2 牛卵巢上的大卵泡

(3)注意事项：技术人员进行直肠检查时，首先，应将自己的指甲剪短磨平，防止尖锐的指甲损伤母牛直肠黏膜；其次，技术人员最好能套上长臂手套，这样能够较好地保护自己,以免被疾病感染;另外,技术人员在检查时要耐心细致,手掌在直肠内触摸操作要轻柔,千万不可乱抠乱抓,当母牛直肠出现强直性收缩或扩张时,最好停止手上动作,不要强行检查,以免造成母牛直肠严重损伤;最后,检查结束后,从肛门退出手臂时,看看手套上是否有血样物质,如果有的话,请注意对母牛直肠及时检查并处理。

直肠检查法在生产实践中,对牛的发情鉴定较为准确,可判定和预测发生排卵时间,减少输精次数和提高受胎率。此外,也可作鉴别诊断,防止孕后发情的误配导致流产。因此直肠检查法,在牛的发情鉴定和适时输精上得到了广泛的应用。但此法对初学者而言较难,初者者必须要岗前培训,经反复认真操作,积累足够的经验后才能掌握。

(4)计步器鉴定法:随着现代化畜牧业的发展,计算机辅助管理系统被逐步引入到规模化牧场中。奶牛活动量自动检测系统是利用计算机辅助管理牧场的主要项目之一,在发达国家的应用已十分普遍,在很大程度上节约了劳动力成本。

动物活动量自动检测系统中使用的计步器是一种固定在牛腿或牛颈部的低功耗电子设备,它由传感器和电子计数器组成,能每天24 h不间断检测奶牛的行为模式(活动、休息、躁动不安等),并精确地记录下每头奶牛的活动量。计步器采集到的数据通过无线读写控制器传输到牧场的计算机数据库中,再通过专业的管理软件分析,使牧场人员做出有关繁殖、健康和管理方面的有效的决策。如果母牛的活动量升高幅度高于预先设定的参数值,就会被系统自动筛选出来,列入疑似发情牛。再根据上次检测到的高活动量发情时间计算两次的间隔时间,如果间隔天数在20 d左右,就可以确定该牛正处在发情期。如果再加上配种员对母牛的外部征状变化观察和直肠检查,输精时间的确定就将更加准确。

奶牛活动量自动检测系统不仅可以作为牧场的发情监测工具,还可以作为筛选空怀母牛、病牛的工具。

六、母牛的人工输精

人工输精是人工授精技术的一个关键性环节,输精技术的好坏直接影响到群体受胎率的高低。

1.输精前的准备

保定:将母牛保定在保定架上,用绳索或者由助手将母牛的尾巴拉向一侧。

外阴部的清洗消毒:对母牛的阴门及后躯部分进行清洗消毒,再用手排出直肠内的蓄粪,并用纸巾擦干净母牛的阴门。

精液的准备:用75%酒精消毒输精枪,解冻细管冻精,并安装到输精枪内,套好一次性塑料外套备用(图2-3)。

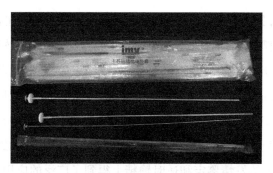

图2-3　牛卡苏式输精枪和一次性保护套

2.直肠把握输精法

一只手伸入直肠内,隔着直肠壁把握住子宫颈,另一只手持输精枪,先斜向上方伸入阴道内,进入5~10 cm后再水平插入到子宫颈口,两手协同配合,把输精器伸入到母牛子宫颈的3~5个皱褶处或子宫体内,慢慢注入精液。输精过程中不要把握得太紧,要随着母牛的摆动而灵活伸入。直肠内的手要把握子宫颈的后端,并保持子宫颈的水平状态。输精枪要稍用力前伸,但要避免盲目用力插入,防止生殖道黏膜损伤或穿孔(图2-4)。

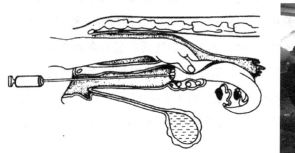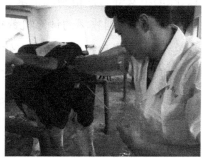

图2-4　母牛直肠把握输精法示意图

(引自《家畜繁殖学(第四版)》,张忠诚主编,2004)

此法的优点是:用具简单,操作安全,不易感染;输精输入部位深,不易倒流,受胎率高;母牛无不良反应;输精前可以检查一下母牛的卵巢和子宫状态,防止给孕牛误配,造成人为流产。直肠把握输精法是目前冷冻细管精液输精唯一可靠的方法。

七、母牛的妊娠诊断

配种后的母牛,做好必要的配种记录,在规定的时间内做好母牛的妊娠诊断,具体的操作方法详见《实验9 动物的妊娠诊断技术》。

八、牛的人工授精虚拟仿真教学平台

随着现代网络教学的推广运用和计算机与虚拟技术的不断发展,广西大学动物繁殖教学团队制作了牛的人工授精虚拟仿真教学平台。通过牛的人工采精、精液品质检查、发情牛的鉴定及人工输精等基础操作程序,配以相关图片及视频等资料,利用VR虚拟现实和3D虚拟仿真技术,将牛的人工授精过程所涉及的关键技术及关键知识点进行虚拟仿真。在进行牛的人工授精实训操作前,学生通过虚拟软件进行学习,可加强对该技术中关键知识点的掌握,提升学习效率。

【注意事项】

(1)在安装调试假阴道前,要求学生修剪自己的指甲,以免指甲过长过尖而戳破假阴道内胎。

(2)在使用液氮的过程中,严禁学生直接接触或过分靠近液氮,小心液氮倾倒,防止冻伤身体。

(3)在对母牛进行输精操作时,要求学生在插入输精枪时注意在教师的指导下进行,严禁用输精枪在母牛阴道内乱捅,以免伤害母牛生殖道。

【实习评价】

(1)学生能够掌握牛场生产的基本繁殖技术,并能熟练运用到牛场生产中,利用现有的条件结合最新的繁殖技术,积极提高牛场的繁殖效率。

(2)学生在牛的人工授精技术的相关实习中,锻炼自己的专业操作技能,提高综合专业素养,具备一定的牛场繁殖管理能力。

(3)通过教师测评(80%)和学生自评(20%)的方式得出最终的实习测评成绩。

(4)教师测评成绩包括实习操作能力(40%)、实习报告(60%)。

(5)学生自评成绩包括班级出勤考核(60%)、自我完成效果评测(20%)、自我专业素养和创新能力自评(20%)。

【实习拓展】

1.相关研究文献

(1)赵雪.奶牛性别控制技术研究[D].杨凌:西北农林科技大学,2011.

(2)Okano DS, Penitente-Filho JM, Gomez Leon VE, et al. *In vitro* evaluation of cryopreserved bovine sperm and its relation to field fertility in fixed-time artificial insemination[J]. Reproduction in Domestic Animals. 2019, 54(3).

(3)Machado Pfeifer LF, Oliveira Junior JS, Potiens JR. Effect of of sperm kinematics and size of follicle at ovulation on pregnancy rate after timed AI of beef cows[J]. Animal Reproduction Science. 2019, 201.

（4）Li CY, Zhao YH, Hao HS, et al. Resveratrol significantly improves the fertilisation capacity of bovine sex-sorted semen by inhibiting apoptosis and lipid peroxidation[J]. Scientific Reports. 2018.

2.知识拓展

流式细胞仪与性控精液

哺乳动物的精子可以分为X精子和Y精子，当卵子与X精子结合受精，所产生的后代为雌性个体，当卵子与Y精子结合受精，则后代为雄性个体。研究表明，哺乳动物的X精子和Y精子的DNA含量均是恒定的，且X精子染色体的DNA含量高于Y精子，相差一般在3.6%~4.2%。

Hoechst 33342是一种相对安全的水溶性活细胞染料。精子被荧光染料Hoechst 33342染色后，染料穿透精子的脂质膜，结合在精子DNA双链小沟的腺嘌呤和胸腺嘧啶富含区域，再经过紫外激光（~350 nm）激发，能产生蓝色激发光（~460 nm）。因为X精子DNA含量高于Y精子，X精子比Y精子结合更多的荧光染料，所以X精子荧光强度比Y精子强。因此当精子通过流式细胞仪时，X、Y精子中荧光染料在激光束激发下释放出不同强度的荧光信号，信息处理系统根据荧光信号的强弱分辨出X、Y精子。同时在电场的作用下使X、Y精子带上不同电荷，带电荷的液滴通过高压电极板时，电场作用力使带有不同电荷的液滴发生偏转，X精子落入X精子收集容器，Y精子落入Y精子收集容器，从而将X、Y精子分离开。

在性控精液初步商业化的时候，由于分离成本很高，市场受到售价限制，而那时的受胎率相比普精冻精也要低25%。如今，依托于分离仪器技术的革新、软件程序的更新以及新型增强精子细胞活力的试剂，受胎率得到了提高，使现在性控冻精的受胎率可以与普通冻精媲美，并且生产所需的成本也大大降低。

性控精液于2000年开始进行商业化推广应用，美国、英国、日本、阿根廷、巴西等国均成立了相关公司，开展精子分离和销售业务，推广性控冻精。我国现有多家奶牛性控冻精生产厂家：内蒙古赛科星繁育生物技术（集团）股份有限公司、北京奶牛中心、XY种畜（天津）有限公司、河南鼎元公司等。其中内蒙古赛科星繁育生物技术（集团）股份有限公司2008年获得了美国XY公司授权，并在性控冻精的生产上拥有多项自主知识产权，年生产性控冻精百万剂以上。

羊的人工授精技术

【案例及问题】

案例：

羊的新鲜精液人工授精工作早在20世纪80年代就已开展，20世纪90年代，利用羊冷冻复苏精液的人工授精技术开始出现，但是在实践中，发现存在一些问题：(1)绵羊冷冻复苏精液的人工授精受胎率较低，输精技术水平有待提高；(2)山羊的冷冻精液人工授精技术不成熟，无法大面积普及；(3)动物的发情阶段不好鉴定，容易错过准确输精时间。

问题：

(1)查找相应资料，说明羊的冷冻精液技术无法大规模推广的原因。

(2)如何确定母羊适时输精时间？

(3)母羊配种前需要注意哪些事项？

【实习目的】

通过对羊的人工授精相关技术系统地实习，让学生在学习好理论基础后，充分掌握羊人工授精技术(繁殖技术)的基本原理、技术程序、实践操作，使其能做好羊场的繁殖管理，积极提高羊场的繁殖效率。

【实习流程】

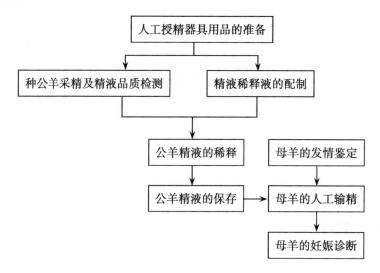

【实习内容】

一、器械、用具的清洗和消毒

凡是供采精、输精及与精液接触的器械、用具,都要做到清洁、干燥、消毒。假阴道可以使用2%~3%的碳酸钠溶液清洗,注意不要使凡士林和污垢存留在内胎橡皮褶皱内。集精杯、输精器、吸管、玻璃棒以及存放稀释液和氯化钠溶液等的玻璃器皿及金属器具,可根据情况刷洗后进行高压消毒。使用前再用生理盐水冲洗数次。凡士林应每天连瓶隔水煮沸消毒20 min,瓶盖下垫滤纸,瓶底垫脱脂棉或纱布,防止煮沸时破裂。

二、假阴道法采精

1.假阴道的安装方法

羊用假阴道结构与牛用假阴道相似。具体操作方法见《实验4 人工授精器材的识别与假阴道的安装》。

2.台羊的保定

选择发情征状明显的健壮母羊为台羊,保定在保定架上,再用0.1%新洁尔灭消毒外阴部,用温水擦干净。

3.采精

采精员蹲在台羊右侧后方,右手握假阴道,气卡塞向下,靠在台羊臀部,假阴道和地面约呈45°。当公羊爬跨、伸出阴茎时,迅速向前用左手托着公羊包皮,右手持假阴道与台羊成40°~45°,假阴道入口斜向下方,左右手配合将公羊阴茎自然地引入假阴道口内(切勿用手捉拿阴茎),公羊射精动作很快,发现抬头、挺腰、前冲,表示射精完毕。

4.收集精液

在公羊从台羊身上滑下时,缓慢地把假阴道脱出,并立即将假阴道入口斜向上方,打开活塞放气,使精液尽快、充分地流入集精管内,然后小心地取下集精管并记录公羊号,放于30 ℃恒温水槽待检。

三、精液品质检测

取下集精杯,保温,及时送至实验室检查精液品质。

采出的精液,应该立即进行品质检查,分肉眼检查和显微镜检查。操作方法详见《实验7 动物精液品质评定》

四、精液稀释

在保存、运输和输精之前,对精液要进行稀释,主要是为了增加精液量,扩大母羊受精数;延长体外精子存活时间和增强精子活力。

稀释液应具备的条件是:对精子的生存有利无害;能供给精子营养;具有与精液相等的渗透压,有缓冲酸碱度的作用;容易配制,成本低。

常用的稀释液有以下几种:

(1)0.9%氯化钠稀释液:氯化钠(分析纯)0.9 g,蒸馏水100 mL。一般1∶1~1∶2的稀释比例比较适宜,这种稀释液通常不作保存和运输精液之用。

(2)葡萄糖、卵黄稀释液:无水葡萄糖3 g,柠檬酸钠1.4 g,新鲜卵黄20 mL,蒸馏水100 mL。配制这种稀释液时,先将无水葡萄糖、柠檬酸钠溶解于蒸馏水,经过过滤、消毒(煮沸)后,再加入卵黄。使用时一般按1∶3的比例稀释。

(3)牛奶和羊奶稀释液:新鲜牛奶或羊奶用数层纱布过滤,煮沸消毒10~15 min,冷却至室温,除去奶皮或用长针头注射器从奶皮下面吸取所需要的奶量,一般按1∶2~1∶4的比例稀释。这种稀释液容易配制,使用方便、效果良好。

精液采取后应尽快稀释,稀释液必须是新鲜的,其温度和精液温度保持一致,在20~25 ℃室温和无菌条件下进行操作。稀释液应沿着集精杯壁缓缓注入,用细玻璃棒轻轻搅匀。稀释精液时,要注意防止精子受到稀释冲击、温度骤变和其他有害因素的影响。

五、母羊的发情鉴定

(1)外部观察法:观察母羊的外部表现和精神状态,如食欲减退、大叫不安、外阴部潮红而肿胀、频繁排尿、活动量增加、阴道流出黏液。发情开始:黏液透明、黏稠、带状;发情中期:黏液白色;发情末期:黏液混浊、不透明、黏胶状。输精时间应在中期或后期。

(2)公羊试情:用公羊来试情,根据母羊对公羊的反应来判断发情是较常用的方法。此法简单易行,表现明显,易于掌握。在大群羊中多用试情方法定期进行鉴定,以便及时发现发情母羊。具体做法是：在配种期内每日定时将试情公羊（结扎或带上试情布的公羊）放入母羊群中让公羊自由接触母羊，若母羊已发情，当公羊靠近时表现温顺、摇尾、愿意接受公羊的爬跨，将发情母羊另置于一圈内进行配种。

六、输精

将发情待配母羊两后肢担在输精室内的横杠或输精架上，若无输精架，可由工作人员保定母羊。在输精前用0.1%新洁尔灭溶液消毒外阴部，再用温水洗掉药液并擦干净。

输精方法是保定人员用手掀起羊尾巴，输精人左手握阴道开张器，右手持输精器，将开张器保持合拢状态，慢慢插入母羊阴道，轻轻扭转，适度张开。先检查阴道内有无疾病和发情情况，再慢慢转动开张器，寻找子宫颈口，找到后将开张器固定在适当位置，将输精器从开张器中间慢慢插入子宫口0.5~1.0 cm处，用拇指轻轻压输精器活塞，注入定量精液。然后慢慢取出输精器，把开张器稍稍合拢（半开半闭）取出，将母羊打好记号，放回羊圈（图3-1）。

注意不可损伤生殖道黏膜。原精液的输精量每次每只羊0.05~0.10 mL，低倍稀释精液0.1~0.2 mL，处女羊有时子宫颈口很难找到，可进行阴道深部输精，输精量要加大一倍，有的母羊子宫颈口较紧或不正，可将精液注到子宫颈口附近，但输精量也应大一倍。

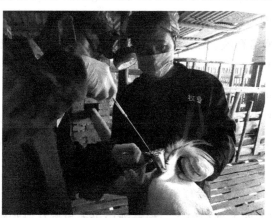

图3-1 山羊人工输精操作

做好输精记录，有母羊号、公羊号、输精时间、输精量等项目。最好每只母羊1张记录卡，要考虑到多次输精和多情期输精的问题（表3-1、表3-2）。

母羊一个发情期内进行两次输精，发现母羊发情当时输精，间隔8~12 h再进行第二次输精。本情期输精的母羊，在下个情期仍要参加试情，防止空怀。怀孕母羊要加强饲养管理，为增膘保胎创造条件。

表3-1 种公羊精液品质检查及利用记录表

品种： 公羊号： 使用单位： 日期：

采精时间	采精量	原精液量	稀释液种类	稀释精液量	授精量	授精母羊只数	备注

表3-2 母羊配种繁殖记录表

编号	第一情期		第二情期		预计分娩日期	实际分娩日期	产羔纪录	
	种公羊号	日期	种公羊号	日期			羔羊号	性别

七、妊娠诊断

操作方法详见《实验9 动物的妊娠诊断技术》。

【注意事项】

(1)由于羊天性胆小谨慎,喜好安静,在实习过程中切忌大声说话、喧哗、打闹。

(2)在实习的每个环节中,注意做好相关的实习记录,以便于统计羊场的繁殖效率。

(3)在采精、输精等环节中,注意保护操作人员的安全,防止被羊角顶伤。

【实习评价】

(1)学生能够在基础性实验的学习后,掌握羊场常用的一整套繁殖技术,并能较为熟练地将其运用到生产中,改善目前的生产状况,提高羊场繁殖效率。

(2)学生在羊的人工授精技术的相关实习中,培养较高的专业素养,展现专业的操作技能,并能够在实践中发现问题、解决问题,具有整体大局意识,具备一定的全局掌控和管理能力。

(3)通过教师测评(80%)和学生自评(20%)的方式得出最终的实习测评成绩。

(4)教师测评成绩包括实习操作能力(40%)和实习报告(60%)。

(5)学生自评成绩包括班级出勤考核(60%)、自我完成效果评测(20%)、自我专业素养和创新能力自评(20%)。

【实习拓展】

1.相关研究文献

(1)付雪林,倪德斌,胡军勇,等.羊人工授精技术的研究进展[J].黑龙江畜牧兽医. 2017(7).

(2)刘桂娟,李武.绵羊人工授精与腹腔镜输精效果比较[J].黑龙江畜牧兽医(科技版).2009(7).

(3)刘燕飞,李刚.羊腹腔镜输精技术注意事项[J].畜牧兽医杂志.2018,37(1).

(4)乌达巴拉,达来,邵凯,等.羊子宫颈输精和腹腔镜输精技术对受胎率的影响[J]. 中国草食动物科学.2012(S1).

2.知识拓展

羊腹腔镜输精技术

腹腔镜输精技术是家畜品种改良工作中一项新的繁殖技术。羊的腹腔镜输精实质是运用外科手术,借助于腹腔镜将精液直接送入母羊排卵一侧子宫角受精部位(图3-2), 这就克服了由于绵羊子宫颈管道构造特殊,精子不易通过的困难,减少了精子在子宫内的运行距离,从而大大提高了绵羊的受胎率。同时,这种方法可以大大提高羊冷冻精液的受胎率(>80%)。据报道,在澳大利亚、加拿大等国家,腹腔镜输精技术在大的养殖场和一些水平较高的育种场已经得到了广泛应用,并基本取代了常规子宫颈输精方法,成为肉羊人工授精的首选方法。

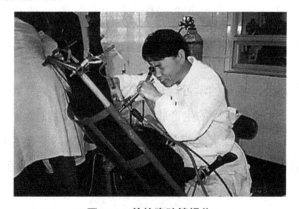

图3-2 羊的腹腔镜操作

鸡的人工授精技术

【案例及问题】

案例：

某种鸡场在产蛋高峰期突然有诸多母鸡开始发病，产蛋率下降了约30%，每天都有母鸡死亡，死亡数量每日逐渐增多。兽医检查，发现病鸡精神萎靡，羽毛蓬乱，翅膀下垂，拉稀严重，肛门周围均被粪沾染，食欲减少或停止，部分病鸡最后死亡。解剖病死鸡可见其腹腔内充满清亮或浑浊的液体，多者可达300 mL；卵巢变性、坏死，卵泡充血、表面有点状出血；输卵管肿胀、充血，表面有出血点，管壁变薄，输卵管内有大量脓性物质或浓缩蛋白质；有的输卵管破裂，鸡蛋、卵黄逆行落入腹腔，呈干酪样或油脂样，个别已腐败变质。进一步调查发现，这个鸡舍的种鸡群由一位新技术员负责人工授精。而其他栏舍鸡群分别由几位熟练的技术员负责，在同一天也进行过人工授精工作，没有发生类似现象。经过实验室细菌分离培养和生化特征鉴定，诊断此鸡群的发病是因为人工输精不当而引起的大肠杆菌性输卵管炎。

问题：

(1)鸡的人工授精技术规程是怎样的？

(2)鸡的人工授精技术有哪些注意事项？

(3)如何提高鸡人工授精的受精率？

【实习目的】

通过对鸡的人工授精相关技术进行系统的实习，让学生能掌握鸡场繁殖配种的基本技术，加深对相关理论知识的理解，能胜任鸡场的繁殖管理工作，提升鸡场工作效率和经济效益。

【实习流程】

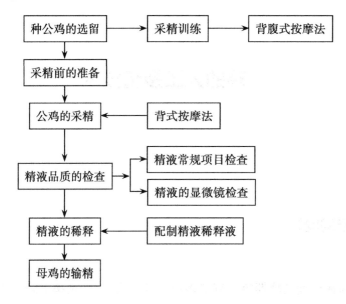

【实习内容】

一、种公鸡的选留

选留种公鸡首先按照育种的方法依据其系谱对公鸡的品种特征、生产性能等进行评定选择。然后根据种公鸡的发育情况、健康状况、繁殖能力等进一步选留。

优良种公鸡的特征:生长发育健壮,腿长有力,肌肉丰满,活泼好动,步伐有力,鸣声响亮;鸡冠、肉髯鲜红,冠峰直立整齐,羽毛顺畅有光泽,尾羽丰美;性欲旺盛,采精性反射好,按摩背部和尾部时,尾根上翘,泄殖腔大而湿润,交配器充分外翻,见到其他公鸡表现好斗;精液品质优秀,适合人工授精。

二、采精前的准备

1.采精器具和药品的准备

采精前准备好相关的器具和药品:镊子、剪刀、酒精棉球、集精杯、生理盐水等。

2.器具的清洁消毒

集精杯是用来收集精液的,在使用前先要清洗干净,再做好消毒处理,然后再用灭菌生理盐水冲洗几遍,防止消毒剂的残留。

三、公鸡的采精

1.按摩法采精原理

用按摩法采集公鸡精液时,采精者用手刺激公鸡的腰荐部盆神经和腹下交感神经,性欲旺盛的公鸡产生性反射,交配器充血勃起。经过多次采精训练后,公鸡建立起固定的条件反射。

2.采精训练

公鸡正式采精前1~2周开始采精训练。公鸡单笼饲养,并合理安排好固定的采精训练日程。一般一天训练一次,连续3~5 d。训练时间最好安排在上午10点以前,并且在采精训练前3~6 h断水断料,以减少采精时的粪尿污染。

采精训练前,先将公鸡泄殖腔周围和尾部下垂的羽毛剪掉(图4-1),用消毒液消毒泄殖腔周围(图4-2),再用生理盐水擦去残留的消毒液。训练方法采用背腹式按摩法。经过3~5次的训练,性欲旺盛的公鸡可以建立起射精反射。采精训练反应弱的、采精时有排粪恶癖的公鸡应予淘汰。

图4-1 减去公鸡泄殖腔周围羽毛

图4-2 消毒公鸡泄殖腔外围

3.双人背腹式按摩法采精

两人合作操作采精。

(1)保定:助手握紧公鸡的双腿,自然分开,让公鸡头部朝向自己侧后,尾部朝向采精者(图4-3)。

图4-3　保定公鸡

（2）按摩及翻肛：采精者用右手夹住集精杯，将杯口隐藏于手心，避免按摩时公鸡排粪污染精液；再用左手从背鞍部向尾部方向抚摸数次（图4-4），引起公鸡的性欲，然后左手顺势将公鸡尾羽翻向背侧，并将拇指和食指跨捏在公鸡泄殖腔两侧，右手拇指和食指立即插入公鸡腹部两侧的柔软部，施以迅速而敏捷的按摩。

图4-4　按摩公鸡背鞍部

（3）收集精液：公鸡受到强烈的刺激，交配器勃起并翻出泄殖腔（图4-5），采精者立即用左手适当挤压泄殖腔，精液便会顺利排出，采精者立即用右手中的集精杯收集精液。

图4-5　挤压公鸡交配器

4.单人背腹式按摩法采精

单人采精刺激按摩公鸡的手法与双人法相同，只是将训练好的公鸡放置在采精台上，做简易固定后，公鸡半蹲、尾部微微翘起，采精者施以背腹式按摩进行采精。

5.背式按摩法采精

助手握住公鸡保定好,或者采精者坐在凳子上将公鸡用双腿夹住,然后采精者用左手按摩公鸡背腰部(顺着背鞍部向尾部方向)数次,公鸡产生性欲,用左手顺势将公鸡尾羽翻向背部,再适当挤压泄殖腔两侧,并用集精杯收集精液。

若是初次采精操作者或刚进行采精训练的公鸡,多采用背腹式按摩法采精。背腹式按摩法对公鸡刺激强烈,但是对公鸡腹部的刺激,容易引起公鸡排粪,从而污染精液。性欲强烈的公鸡经过调教后,形成了固定的条件反射,通常只需要进行简单的背式按摩刺激,便可顺利采集到精液,并且背式按摩法采精时,公鸡很少排粪,透明液也较少,精液品质好。

6.采精频率

健康的成年公鸡一般每隔一天采精一次,最多不超过2次/天。

四、精液的品质检查

1.品检操作基本要求

(1)恒温精液:采精收集的精液立即置于30 ℃的恒温箱或水浴中。

(2)取样代表性:轻轻摇匀精液,再用玻璃棒或移液枪取中间样品,保证取样的代表性。

(3)清洁无菌:检查精液品质时使用的载玻片、玻璃棒、烧杯等物品均要求事先进行清洗灭菌,保证不会对精液造成污染。

(4)动作迅速:进行各项精液品质检查时,应动作熟练迅速,尽快完成精液的质量评定,以便于顺利完成精液的稀释处理。

2.常规评定项目

(1)精液的颜色:正常公鸡的精液颜色为乳白色,比较浓稠。异常颜色见表4-1。

表4-1　精液异常颜色

异常颜色	原因分析
黄褐色	粪便污染
白色絮状	尿酸盐污染
水渍状	透明液过多
粉红色	生殖器出血,血液混入

(2)射精量:用带有刻度的吸管或集精杯测量公鸡的射精量。公鸡的一次射精量为0.1~1.2 mL。射精量与采精操作者的手法、采精间隔时间、公鸡营养状况、公鸡品种、体型、健康状况、个体差异等因素有关。

（3）pH：用微量加样器取少量精液滴在精密pH试纸上，比色观察并判断精液的pH（图4-6）。公鸡精液的正常pH为7.0~7.6。

图4-6 pH试纸检测公鸡精液pH

3.显微镜检查项目

在实验室检查公鸡精液的精子活力、精子密度、精子畸形率，具体操作方法详见《实习1 猪的人工授精技术》。

五、精液的稀释

1.稀释液的配制

（1）稀释液的配方：鸡精液稀释液选取Lake's液配方（表4-2）。

表4-2 鸡用Lake's液配方成分

成　分	剂　量
果糖	1.00 g
谷氨酸钠（H_2O）	1.92 g
氯化镁（$6H_2O$）	0.068 g
醋酸钠（$3H_2O$）	0.587 g
柠檬酸钾	0.128 g
庆大霉素注射液	5 mL
蒸馏水	定容至100 mL

（2）溶解：根据配方准确称取稀释液各种成分，溶解在蒸馏水中。然后用滤纸过滤，放入高温高压灭菌器中灭菌后冷却至室温。

（3）添加：向冷却后的液体中添加抗生素，搅拌均匀。

2.同温处理

稀释前，将公鸡精液和稀释液均放置在30~35 ℃的水浴中，让其温度相同。

3.稀释精液

将稀释液缓缓注入公鸡精液中,同时轻轻摇匀。公鸡精液的稀释倍数通常取决于精子密度和精子活力,常规稀释一般按1:2~1:4的比例进行。

$$稀释倍数 = \frac{鲜精精子密度 \times 鲜精精子活力 \times 输精剂量}{每只母鸡要求输入的有效精子数}$$

六、母鸡的输精

母鸡的输精通常采用阴道输精法。

1.保定与消毒

助手抓住母鸡双脚,呈倒立状,输精人员用酒精棉球消毒母鸡泄殖腔外围(如图4-7)。

图4-7 消毒母鸡泄殖腔外围

2.翻肛

助手一只手抓紧母鸡的双脚,将母鸡放置在鸡笼上或笼门处,尾部稍稍上翘,另一只手的拇指与其余四指分开,跨在母鸡泄殖腔两边,在母鸡腹部柔软处施予适当压力,翻出阴道口(如图4-8)。母鸡阴道口位于泄殖腔左边,呈粉红色菊花瓣状小圆孔。

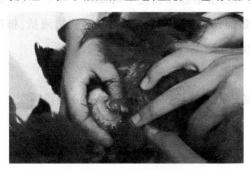

图4-8 母鸡翻肛

3.输精

输精员用输精管(输精枪)吸取稀释好的精液,插入母鸡阴道口约2 cm深(如图4-

9),输入适量精液,再抽出输精器。每输精一只母鸡,需要对输精管进行消毒,避免输精带来的交叉感染。现在有鸡场使用移液枪和一次性枪头(枪头前端特殊钝化处理)来输精,每只鸡使用1个枪头,这样的做法干净卫生,避免了交叉感染。

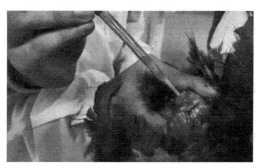

图4-9　母鸡输精

4.释放压力

在输精员输入精液时,助手放松翻肛的手,放手速度不可过快,避免刚刚输入的精液逸出来。输完精后助手将母鸡放回鸡笼中。

5.输精时间

输精时间一般安排在下午3:30之后,此时,绝大部分母鸡已经产蛋结束,母鸡的腹部是柔软的,翻肛时如果感觉到母鸡腹部有硬物,则可能是还未产蛋,应放弃对该母鸡的输精。

如果母鸡输精时间在产蛋之前,由于母鸡输卵管内有硬壳蛋的存在,阻碍了精子的运行,从而造成受精种蛋比例显著下降。另外,输精前2~3 h,对母鸡禁水禁食。

6.输精剂量

建议每只母鸡每次的输精量以原精液的0.025 mL左右为宜,保证每次输入的有效精子数在1亿个左右。产蛋前初次输精,可以适当多一些精液量,将输精剂量提高到原精液的0.05 mL,如果输精0.025 mL,则需要连续2 d输精。

7.输精频率

为了保证受精率,输精频率建议控制在每隔4~6 d输精一次。

【注意事项】

(1)助手在保定公鸡或母鸡时,动作要求轻柔,轻拿轻放,切忌粗暴,避免造成公鸡或母鸡的强烈应激反应。

(2)在鸡舍操作要求安静,避免突然巨大的声响,造成鸡群炸群。

（3）每次采精和输精均需要做好相关记录。

（4）采集到的公鸡精液应尽快完成品检，并进行稀释，防止精子代谢造成其pH迅速下降并大量死亡。

（5）稀释后的精液如果要较长时间保存，需要每隔6 h左右就轻轻摇动，防止精子沉底。

【实习评价】

（1）学生能够掌握鸡场生产的人工授精技术，并能熟练运用到鸡场生产中，能根据鸡场的不同条件，结合现代人工授精技术的发展，提升鸡场的繁殖效率。

（2）学生在鸡场繁殖技术的相关实习中，提升自己的操作能力，巩固相关理论知识，掌握初步的鸡场繁殖管理能力。

（3）通过教师测评（80%）和学生自评（20%）的方式得出最终的实习测评成绩。

（4）教师测评成绩包括实习操作能力（40%）和实习报告（60%）。

（5）学生自评成绩包括班级出勤考核（60%）、自我完成效果评测（20%）、自我专业素养和创新能力自评（20%）。

【实习拓展】

1.相关研究文献

（1）吴志强. 精液稀释液在三黄肉种鸡人工授精中的应用[D]. 南京：南京农业大学，2017.

（2）徐松山. 鸡精液低温保存技术和精子抗冻性研究[D]. 北京：中国农业科学院，2017.

（3）郭伟. 种公鸡日粮添加叶酸对种公鸡及后代仔鸡抗氧化功能的影响[D]. 杨凌：西北农林科技大学，2017.

（4）Appiah MO，He BB，Lu WF，et al. Antioxidative effect of melatonin on cryopreserved chicken semen[J]. Cryobiology. 2019, 89.

（5）Mosca F，Zaniboni L，Abdel Sayed A，et al. Effect of dimethylacetamide and N-methylacetamide on the quality and fertility of frozen/thawed chicken semen[J]. Poultry Science. 2019, 98(11).

（6）Labas V，Grasseau I，Cahier K，et al. Qualitative and quantitative peptidomic and proteomic approaches to phenotyping chicken semen[J]. Journal of Proteomics. 2015, 112.

2.知识拓展

鸡的冷冻精液

目前,冷冻精液技术在哺乳动物(如牛、羊)上比较成熟,能较好地做到商业化推广。鸡的冷冻精液保存最早的成功报道是在1941年,虽然获得了受精蛋,但是未能成功孵化出雏鸡。随着研究的发展,鸡的精液冷冻保存技术不断优化,冻精的受精率平均为60%,但是效果不稳定,并且和鲜精输精的受精率(90%以上)相比,仍然具有很大差距。因此至今鸡的冷冻精液保存一直未能成功用于商业推广。

鸡的冷冻精液保存效果不如牛、羊等动物,这和鸡的精子与精液生理特性有很大的关系。鸡精子呈长圆柱形,两端为锥形,而牛、羊的精子呈扁卵圆形;鸡精子头部的体积比牛、羊的小很多,在冷冻保存时,冷冻保护剂很少能进入精子头部,并且在精子内流动性差,造成保护效果不如牛、羊的;鸡精子顶体也很小,解冻时极易脱落,从而丧失授精潜能;鸡精子尾部太长,大约是头部的8倍,在精子稀释、冷冻和解冻过程中极易断裂,从而失去运动能力。公鸡的射精量小,副性腺退化,精清的成分主要来自睾丸精细管、附睾、输精管的分泌物,以及泄殖腔中淋巴褶和脉管体所分泌的透明液;精清中果糖、柠檬酸含量极低,磷酸胆碱、肌醇、甘油磷酸碱几乎没有,游离氨基酸含量高。

在鸡精液冷冻保存时,常用的冷冻保护剂有甘油、二甲基亚砜(DMSO)、二甲基乙酰胺(DMA)等,甘油对鸡精子授精有拮抗作用,在解冻后输精前必须通过逐步清洗并离心去掉甘油,经过试验证明DMA对鸡精子的毒害作用最低,输精前不需要离心去掉。鸡的冷冻精液现在主要有两种剂型,一种为颗粒冻精,一种为细管冻精。常用的基础冷冻稀释液有Lake's、BPSE液等。

实习 5

动物助产及新生仔畜的护理

【案例及问题】

案例：

某猪场是一个建设不足两年时间的半现代化商品猪场，存栏繁育母猪约1 000头。由于猪场投资主体没有养殖专业技术背景，因此在猪场的生产管理和运作经营等方面比较欠缺。猪场具体的日常事宜均由猪场场长全权处理。

6月的某日下午，负责产房的工人匆匆过来告知猪场场长：有一头分娩母猪已经娩出了3头仔猪，但是后面却迟迟没有动静，时间距上一头分娩已经过去半个小时了。场长地吩咐工人继续观察。时间又过去了半个小时，工人打电话请示场长，场长在电话里简单询问了一下母猪的状况，依然让其继续观察，他告诉工人母猪产仔时每只仔猪出生间隔的时间有长有短，这是正常现象。此时，分娩母猪卧躺在产床，胸式呼吸很深，张嘴喘气，还能看到偶尔腹部和膈部弱弱用力，阴部有大量黏液和血水。不知不觉时间又过去了2 h，母猪依然没有产下余下的胎儿，乏力地躺在产床上，而且阴户也发干。工人心里着急，便去厨房准备了一些食用油，剪短手指甲，全手臂先用肥皂清洗，再用0.5%高锰酸钾水浸没消毒，涂抹食用油在手臂后，伸入母猪产道内摸索。果然发现在产道骨盆腔处，有两头胎儿挤在一起。于是想推回一头胎儿，然后拉出另一头胎儿，但是最佳的时间过去了，胎水流干，造成母猪子宫腔内负压，而且母猪疲乏得没有一点力气努责，已经没有办法完成救助。第二天母猪死亡，场长剖开死亡母猪，看到母猪腹中还有七头胎儿，但均已死亡。

问题：

(1)动物的分娩具有哪些基本规律？

(2)如何做好动物正常分娩的助产工作?

(3)如何判断动物出现难产?如果出现难产又如何进行难产救护?

(4)在现代化的养殖业中,如何预防动物出现难产?

【实习目的】

通过在牧场动物产房实习,让学生熟悉动物分娩预兆及分娩过程,了解各种动物的分娩特点和新生仔畜的生理特点,进一步理解动物分娩原理,掌握动物助产的基本方法和产后护理技术,掌握新生仔畜的护理技术,从而提高新生仔畜的存活率和母畜的繁殖能力。

【实习流程】

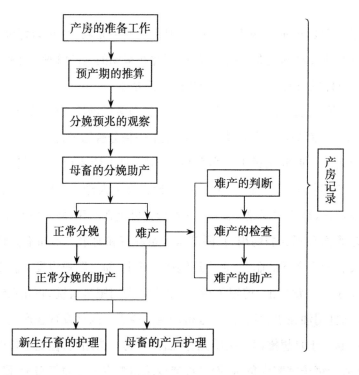

【实习内容】

一、产房的准备工作

1.产房的基本要求

一般要求根据养殖场的条件设立专用的产房。如果条件限制,可以将圈舍的一角隔离为产房。产房要求安静、清洁、干燥、向阳、保温、宽敞、通风良好但无贼风。早春或严冬,产房还应有加温和保温设备。南方的夏天,产房还应有降温措施,如湿帘通风。猪场的产房通常设有专门的产床,便于仔猪的保温和避免压死仔猪。牛场产房的围产圈通常还设有保定栏或绑定装置,以方便助产工作。

2.产房的清洁消毒

(1)猪场产房的清洁消毒:猪的产房通常采用全进全出制,因此每次将母猪和仔猪全部转出后,可以进行每栋产房的彻底清洁消毒。

首先将产房的地面及设施用高压水枪冲洗干净,再用 2% NaOH 溶液泼洒。NaOH 溶液不仅可以消毒,还可以起到发泡的作用,便于将黏在地面及产床上的粪便清除干净,但要避免其对铁制品的腐蚀作用。NaOH 溶液泼洒 1~2 h 后,继续用高压水枪彻底冲洗产房,尤其是角落和缝隙等处。待干燥后用福尔马林+高锰酸钾,密闭熏蒸 24 h。对于母猪患有皮肤病和仔猪腹泻严重的圈舍,建议在进猪前进行火焰消毒。然后将产房空置 2 d以上,待产房彻底干燥后再转入待产母猪。

(2)牛场产房的清洁消毒:用消毒液喷洒产房围产圈,再用清水冲洗干净,待干燥后,先铺垫适当厚度的沙子,再铺上约 20 cm 厚的垫料,垫料可以使用干净的麦秸或稻草。

3.助产用品和器械的准备

助产用品和器械一般包括:70% 酒精、5%~10% 的碘酊、高锰酸钾、来苏尔溶液、催产药物,棉花、纱布、注射器及针头、体温计、听诊器、镊子、产科绳,毛巾、肥皂、脸盆,剪刀、耳号钳、称重用具、记录表格及应急照明,此外最好还备有一套手术助产器械。一切用品和器械都应经过严格消毒,以防将病菌带入产道,造成生殖器官疾病。

4.助产人员的准备

助产人员应接受专门训练,熟悉母畜的分娩过程及各种动物的分娩特点,严格遵守操作规程。因母畜多在夜间分娩,所以还应建立夜间值班制度。

二、预产期的推算

一般在分娩前一周左右将妊娠母畜刷洗干净后转入产房待产。做好母畜的预产期推算,便于产房工作的管理。

1.常见动物的妊娠期

动物妊娠期(表 5-1)的长短受遗传、品种、年龄、环境因素(季节及营养状况)以及胎儿生长发育的影响。

表5-1 常见动物的妊娠期

动物种类	平均妊娠期/d	妊娠期范围/d
牛	282	276~290
水牛		
河流型	306	300~315
沼泽型	326	316~330
绵羊	150	146~157
山羊	152	146~161
马	340	300~412
猪	114	102~140
家兔	30	27~33

2.推算预产期

通常根据动物的平均妊娠期来推算其预产时间。

(1)牛:配种月份减3或加9,配种日数加10,即"月减3得月,日加10得日"或"月加9得月,日加10得日"。

(2)猪:配种月份加4,配种日数减10,即"月加4得月,日减10得日"。也可用"333"来表示,即母猪妊娠期为3个月加3周零3天。

(3)羊:配种月份加5,配种日数减2,即"月加5得月,日减2得日"。

(4)马:配种月份减1,配种日数加10,即"月减1得月,日加10得日"。

三、分娩预兆的观察

随着胎儿的发育成熟和分娩期的接近,待产母畜的行为和生理状况都会发生一系列变化,我们可以根据这些产前征兆来预测分娩的时间,以便做好各种产前准备,合理安排时间和工作任务,确保母仔平安。

1.母猪的分娩预兆

在产前15 d左右,母猪乳房会开始逐渐胀大,俗称下奶缸(如图5-1)。产前3~5 d时,阴户开始红肿,尾根两侧开始塌陷,俗称松胯(如图5-2)。临产前1~2 d,母猪前面乳头可以挤出透明乳汁,随后全部乳头均可挤出乳汁。当乳汁颜色变成乳白色时,则分娩时间大约在6 h之后。随着临产时间越来越近,其呼吸频率也有所变化,产前1 d的呼吸频率为每分钟54次左右,而临产前4 h左右,每分钟呼吸次数增加到90次左右。临近分娩(10~90 min),母猪开始躺下,四肢伸直,子宫阵缩频率逐渐加强,间隔时间越来越短。当观察到部分胎衣和胎水进入产道,或者露出阴门(如图5-3),阴户开始流出胎水时,胎儿的娩出在随后的几分钟内开始。

图5-1　临产前母猪乳房胀大

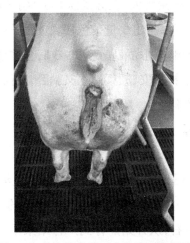

图5-2　临产前母猪阴户松弛尾根塌陷

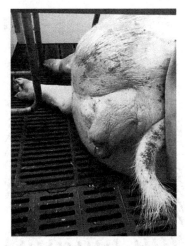

图5-3　母猪胎衣胎水进入产道并露出阴门

2.母牛的分娩预兆

母牛在妊娠末期,尤其在最后1个月左右,可观察到阴门有黏液流出,其体温也开始出现变化波动。分娩前1~2周,母牛骨盆韧带开始软化,乳房可以挤出少量胶样液体或初乳。分娩前1周左右,母牛体温缓慢升高到39.0~39.5 ℃,阴唇开始逐渐柔软、肿胀、增大2~3倍,皮肤皱褶慢慢展平。产前2 d时,乳房膨胀,皮肤发红,乳头中充满白色初乳,乳头表面有一层蜡状物质覆盖;子宫颈开始松软、胀大,封闭子宫颈管的黏液开始软化,有时会有透明黏液流出阴门,并悬挂于阴门处。产前12 h左右,母牛体温会下降0.4~1.2 ℃,荐坐韧带后缘变得非常松软,荐骨两边的肌肉组织塌陷。之后,有些母牛有漏乳现象,从乳头呈滴状或股状流出初乳,母牛的分娩在几个小时内会开始启动。

3.母羊的分娩预兆

母羊的乳房在妊娠中期开始增大,在分娩前1~3 d明显增大,乳头直立,乳房静脉粗壮明显,触摸比较硬肿,用手可以挤出少量黄色初乳。母羊阴门逐渐变得柔软肿胀,皱褶消失,阴门微微开张,有时流出浓稠黏液。产前2~3 h,骨盆韧带松弛,臀部塌陷明显。在临近分娩的数小时内,母羊精神不安,频频站立又躺卧,时而用蹄刨地,时而回顾腹部,喜卧墙角,并且卧地时后肢常常伸直。

四、动物的正常分娩过程

1.母猪的正常分娩过程

母猪的正常分娩一般不需要人为的帮助,母猪阵缩逐渐加快频率和加大强度,然后加入努责的力量,胎儿被逐一娩出体外。每头胎儿娩出的时间间隔从几分钟到几十分钟不等,平均在15~20 min左右,从开始产仔到产仔结束平均耗时3.5 h。产仔结束后30 min左右,开始排出胎衣(图5-4)。

图5-4 母猪排出胎衣

2.母牛的正常分娩过程

母牛的阵缩开始较弱、时间短、间歇长；随着分娩的进程，其阵缩强度和时间逐渐增加，间歇缩短。子宫颈在胎膜的挤压下被完全撑开，然后胎膜被挤破。母牛会急剧地站立卧伏几次，最后在卧下时，胎水从阴门大量流出。破水后，母牛一般呈卧躺姿势。此阶段母牛平均需要6 h。

随后，母牛的努责逐渐加强。母牛比较兴奋不安，背部弯弓，在几次努责后，胎膜露出阴门并破水，流出黄褐色尿囊液体。母牛继续努责，并反复不断加强，羊膜开始突出于阴门并破水，流出浓稠、淡白色羊水。随后，胎儿前置部分开始露出阴门，母牛加强努责，胎头逐渐露出并通过阴门。很快，胎儿娩出阴门，脐带自然断开，母牛会舔食牛犊身上的羊水。阵缩、努责暂时停止。此阶段一般需要0.5~4.0 h。

母牛休息片刻，阵缩继续开始，伴有轻微的努责。子宫角端的胎盘开始脱落，形成套叠逐渐向外翻出。由于母牛的胎盘结构为子叶型，连接紧密，所以胎衣排出时间较长，一般需要4~6 h，最长不超过12 h。

五、动物的助产

1.动物的正常分娩助产

动物的正常分娩，一般不需要过多干预，助产人员只需要对母仔进行密切观察，预防突发事件，在必要时给予适当辅助，以减少母畜和新生仔畜的损伤。

(1)产前的清洁消毒：母畜临产时先用温开水清洗外阴部、肛门、尾根及后躯，然后用消毒液(0.1%的高锰酸钾溶液或1%的来苏尔溶液)给后躯及阴门消毒。马、牛须用绷带将尾根缠好拉向一侧系于颈部。助产人员应穿戴好工作服、胶围裙、胶靴及消毒手臂。

(2)破羊膜：当新生仔畜的头部露出阴门之外而羊膜尚未破裂时，应立即撕破羊膜，露出仔畜鼻端，并擦净鼻端的黏液，便于其呼吸，防止窒息。注意不能过早撕破羊膜，以免羊水流失过早。

(3)辅助用力：分娩时羊水已经开始流出，胎儿未能全部排出，母畜努责较弱，助产人员可以抓住仔畜的头部和两肢的腕部，随着母畜努责的频率，沿着骨盆轴的方向缓慢拉出仔畜，注意在辅助用力牵引的时候保护母畜的阴门，防止意外撕裂。在辅助用力时，切不可强行拉出仔畜，避免用力过猛，仔畜排出过快，子宫内压力突然释放，导致子宫脱出。

(4)倒生仔畜的处理：仔畜排出时，如果是前肢和头部先露出阴门，则为正生。如果是后肢和臀部先露出阴门，则为倒生。倒生时，胎儿脐带容易被挤压在产道中，这会阻止脐带内血液的流通，从而造成胎儿供氧中断，使得胎儿出现反射性呼吸，易吸入羊水窒息死亡。在助产时，发现仔畜为倒生，助产人员应尽快拉出胎儿。

(5)站立分娩的辅助:母畜站立分娩时,助产人员应双手托住仔畜,防止仔畜突然摔落到地上造成伤害。

(6)及时处理胎衣:胎衣排出后,要及时拿走,防止母畜误食。母猪误食胎衣后,容易引起吞食仔猪的恶癖。

2.动物难产的初步判断

(1)妊娠期延长:动物到了预产期,正常情况下胎儿能顺利娩出,分娩不会延期太长,如果延期太久,则考虑可能是难产。比如猪的平均妊娠期为114 d,如果妊娠期延长(超过116 d),容易造成胎儿部分或者全部死亡,死亡胎儿将延长正常分娩的启动时间,这种情况下可以观察到母猪阴门排出血色分泌物和胎粪,没有努责或努责很弱不产仔。

(2)分娩间隔时间长:多胎动物,比如猪,仔畜的出生是一头出生后间隔一定时间,下一头胎儿娩出。如果母猪产出部分仔猪后,已出生仔猪体表已经干燥且行动活泼,而母猪在分娩出上一头仔猪1 h后仍未产出余下的仔猪,则可以判定为难产。

(3)只有努责或者努责减弱:难产初期,常常可见分娩母畜长时间剧烈努责,弓背呻吟、起卧不安,但是不见胎儿娩出。随着产程延长,母畜疲态渐显,胎水慢慢流尽,外阴及阴道开始发干,努责间隔时间越来越长,努责强度也逐渐微弱。

3.难产的检查

(1)病史调查:尽可能地详细了解难产母畜的历史情况,以便大致预测难产的程度,为初步诊断提供依据。调查的主要项目包括:预产期、年龄和胎次、产程、既往病史和繁殖史、助产情况和结果。

(2)母畜的全身检查:检查难产母畜全身状态,包括体温、呼吸、脉搏、精神状态、可视黏膜的变化等多个方面。还应检查母畜能否顺利站立,是否还保留有足够的体力。

检查母畜尾根和荐坐韧带是否松弛,观察向上提(牛)尾根时活动情况,判断母畜骨盆和阴门的展开情况。检查乳房是否能挤出乳汁,以确定妊娠是否足月。

(3)母畜的产科检查:造成动物难产的因素很多,为了更好地进行难产助产,必须对母畜及胎儿进行详细的产科检查,重点检查胎儿和产道的情况。

检查前先用温水和肥皂清洗母畜外阴及后躯,助产人员的手臂也要洗干净并涂抹润滑液。

助产人员首先检查母畜产道的干燥程度,是否有损伤、水肿。如果难产时间较久,母畜努责时间长,产道黏膜常常水肿,造成产道狭窄,甚至助产人员的手臂也无法通过。如果难产时间不长,但产道黏膜水肿并伴有损伤,则说明此前已进行过助产,助产人员应留意产道的损伤出血情况。

助产人员检查母畜子宫颈的松软和开张程度,观察产道流出黏液的颜色、气味和质地。如果黏液浑浊恶臭,含有脱落的组织碎片,则可能是胎儿气肿或腐败。

助产人员还要检查胎儿的死活、胎向、胎位、胎势、大小、进入产道的程度等详细情况。检查胎儿的死活时,如果胎儿是正生,可以将手指插入胎儿口中,注意有无吮吸动作;牵拉舌头,注意有无反射活动;压迫其眼球,注意有无眼球转动;牵拉前肢,注意胎儿有无回缩反应;如果头部姿势异常,无法触摸,可以触诊胎儿胸部或颈部动脉,注意有无搏动。如果胎儿是倒生,可以将手指深入胎儿肛门中,感觉是否有收缩,也可以触诊脐动脉是否有搏动。

4.动物难产的助产原则

造成分娩母畜难产的原因各有不同,而且难产的情况也各有不同,因此在处理难产时,要根据具体情况采用具体方法。以下是处理难产应遵循的基本原则。

(1)发现难产,及时检查,尽早处理。如果分娩时间延长,胎儿在母体子宫内滞留时间越长越容易窒息死亡。因此,一旦发现分娩动物出现难产特征时,需要尽快检查,摸清分娩情况,及时处理。

(2)清洁消毒,做好产检工作。助产人员应将指甲剪短磨钝,以防抓伤产道;手臂及手部先用肥皂清洗,再用消毒液(2%来苏尔或者0.5%高锰酸钾溶液)消毒,然后在已消毒的手和手臂上涂抹清洁的润滑剂。同时对分娩母畜的外阴及后躯也做好清洁消毒。然后助产人员将手深入产道,探查产道内的胎儿及其与产道的关系。

(3)对于年老体弱、产力不足的母畜,在确认产道已松弛开张、胎儿无胎位胎势异常时,可进行肌内注射催产素,以促进子宫收缩,必要时可注射强心剂。

(4)采用正确的方式拉出已进入产道的仔畜。助产人员指尖合拢呈楔状,在母畜努责间歇,手臂缓缓深入产道,握住仔畜适当部位(眼窝、下颌、腿等),随着母畜的每次努责缓慢将胎儿拉出。不便于抓握住的胎儿,可以使用套索或者产科钳辅助。

(5)对于母畜羊水排出过早、产道干燥、产道狭窄、胎儿过大等因素引起的难产,可先向母畜产道内注入温热的生理盐水或清洁的润滑剂,然后拉出胎儿。

(6)对于胎位、胎势异常引起的难产,在拉出胎儿之前必须先矫正其位置。矫正之前需将胎儿在母畜停止努责时推回子宫,在子宫内完成矫正,然后顺势将胎儿拉出。如果无法矫正或其他原因导致拉出胎儿困难,可将胎儿某些部分进行产科截开,分别取出。

(7)在整个助产过程中,要尽量防止产道损伤和感染。助产后,必须进行抗生素治疗,以防细菌感染。

六、新生仔畜的护理

1.擦干黏液

仔畜出生后,立即用毛巾擦干净仔畜口腔、鼻腔中的黏液,防止其被吸入肺内引起异物性肺炎。另外还要把仔畜身上的黏液擦干。牛和羊可让母畜舔干仔畜,这样母畜食入羊水,可增强子宫的收缩能力,加速胎衣的脱落和排出。对于人工哺乳的犊牛,一般不让母牛舔吮仔畜身上的黏液,以免母牛恋犊,增加挤奶的难度。天冷时应注意保温,对外出放牧时分娩的羔羊,应迅速将其擦干。对初产母羊不要擦干羔羊的头颈和背部,否则母羊可能不认羔羊。

2.断脐带

胎儿脐带在出生时,一般会自行断开,并封闭脐带血管。如果脐带过长,需要剪掉多余的脐带并结扎,防止脐带在地上拖行而感染。脐带断好后,应用5%~10%碘酊浸泡脐带片刻,以防感染。

3.辅助仔畜站立

新生仔畜产出不久即试图站立,但最初一般站不起来,应予以帮助。

4.尽早吮吸初乳

初乳是新生仔畜获得抗体的唯一来源。初乳中的抗体可以增强仔畜的抵抗力,初乳中含有大量的镁盐,有助于刺激肠道发生缓泻作用,促使胎粪排出。初乳营养价值也较常乳高,不但含有大量的维生素A,而且含有大量的蛋白质,特别是清蛋白和球蛋白的含量要比常乳高出20~30倍,这些物质无须经过肠道分解,就可直接吸收。此外,新生仔畜消化道很不发达,消化腺和胃肠道的消化机能很不完全,但新生仔畜生长发育速度却很快,新陈代谢非常旺盛,所以在它站立以后须立即辅助它找到乳头,吮食初乳(图5-5)。

图5-5 新生仔猪尽早吃到初乳

5.注意保温

新生仔畜的体温调节中枢尚未发育完善,皮肤调节温度的机能又差,而外界温度又比母体内低得多,特别是冬季和早春寒冷季节,若不注意保温,仔畜极易因受冷冻而死亡。母猪产房中通常准备有红外取暖灯或电热地暖板,仔猪出生后要将其放置于取暖处。

6.注意脐带的变化

新生仔畜的脐带断端一般于出生后一周左右自行脱落,仔猪出生后24 h脐带即干燥。在此期间应经常注意观察脐带的变化,防止仔畜间相互舔吮,以防感染引发炎症反应。如遇脐尿管闭锁不全有尿液流出时,应进行结扎。如有感染迹象,应及时进行外科处理。

7.注意仔畜的安全和疾病

由于新生仔畜个体小,母畜站立到睡卧时,容易压伤或压死仔畜,因此要特别注意仔畜的安全。

由于新生仔畜本身抵抗力弱,加之环境、营养、免疫、遗传和难产等因素的影响,常常容易在出生后不久便出现一些病理现象。如孱弱、便秘、拉稀、脐带不能闭合、腹痛、仔猪低血糖症、黄痢(图5-6)等等,为此应采取积极的防治措施。

图5-6　仔猪黄痢

七、产后母畜的护理

1.提供充足的饮水

在分娩过程中母畜消耗大量水分,所以产后应及时供给足够的温水(温盐水)或麸皮汤,以补充其体内水的损耗,同时也可以促进母畜的泌乳活动。特别是母兔更应该注意这一点,否则会因口渴吃掉仔兔。

2.注意清洁卫生

母畜在分娩后,生理发生很大变化,并且在分娩时子宫颈开张,产道黏膜部分可能有损伤,机体抵抗能力较弱。母畜产后阴门松弛,卧下时黏膜翻露出来,容易接触地面,所以应经常垫以清洁的褥草,搞好厩床卫生。定期用消毒液清洗母畜外阴、尾巴及后躯。

3.注意胎衣和恶露排出

注意观察母畜胎衣是否在预定的时间内排出,如果胎衣排出时间拖延过久,应及时检查并处理。

注意母畜恶露排出的量、颜色变化、排出时间。当母畜恶露由红褐色转变为黄白色(如图5-7、图5-8),再转变为无色透明液体时,说明其子宫恢复和自净完成。

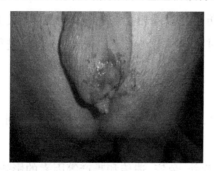 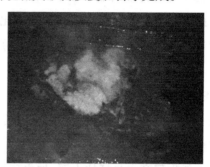

图5-7　母猪阴门排出恶露(红色)　　图5-8　母猪恶露颜色转为黄白色

4.注意产后母畜的营养

采用质量高、容易消化的饲料饲喂产后母畜。但量不宜过多,以免引起消化道或乳腺疾病。饲料应逐渐转变为正常。家畜产后饲料转为正常的时间:牛10 d左右,马3~6 d,绵羊3 d左右,山羊4~5 d,猪8 d左右。

5.注意其他疾病

注意观察母畜的行为和状态,预防可能发生的子宫脱出、阴道脱出、产后瘫痪、乳腺炎等产后疾病。

【注意事项】

(1)动物产后需要安静、清洁的环境,要求学生进入产房前严格按照牧场的管理规定消毒、沐浴更衣,禁止在产房内大声喧哗,扰乱产房正常生产工作。

(2)在所有操作过程中,要求学生听从牧场管理人员和指导教师的安排,规范操作,不破坏、不妨碍正常生产工作。

(3)学生在接触动物的过程中,注意保护自身的安全,防止疾病的感染和传播。

(4)在遇到突发紧急情况时,学生应第一时间通知牧场管理人员和指导教师,在其指导下正确地处理、解决问题。

【实习评价】

(1)学生能够掌握牧场产房的基本操作技术,完成母畜的顺利分娩助产和新生仔畜的护理工作,提高新生仔畜的存活率。

(2)学生在产房相关助产和护理技术的实习中,巩固自身的理论知识,提升实践操作能力,具备较强的牧场产房管理能力。

(3)通过教师测评(80%)和学生自评(20%)的方式得出最终的实习测评成绩。

(4)教师测评成绩包括实习操作能力(40%)和实习报告(60%)。

(5)学生自评成绩包括班级出勤考核(60%)、自我完成效果评测(20%)、自我专业素养和创新能力自评(20%)。

【实习拓展】

1.相关研究文献

(1)张英.母猪发生难产的原因、临床症状和救治方法[J].黑龙江动物繁殖.2016,24(3).

(2)林永灿.母猪难产剖腹取胎术的实践体会[J].福建畜牧兽医.2013,35(2).

(3)周旭东.规模化奶牛养殖场奶牛难产的病因分析与处置[D].杨凌:西北农林科技大学,2014.

(4)刘坤.大型牛场奶牛繁殖性能调查及提高奶牛受胎率的研究[D].南京:南京农业大学,2012.

(5)Molefe K,Mwanza M. Serum biochemistry in cows of different breeds presented with reproductive conditions[J]. Onderstepoort Journal of Veterinary Research. 2019,86(1).

(6)Holden SA,Butler ST. Review: Applications and benefits of sexed semen in dairy and beef herds[J]. Animal(Cambridge,England) 2018,12(S1).

2.知识拓展

胎衣不下

动物将胎儿分娩出子宫后,胎衣随后就开始逐渐被排出体外。常见动物胎衣排出的正常时间是:猪10~60 min,牛4~6 h(不超过12 h),马20~60 min,羊1~2 h。如果胎衣不能在正常的时间内排出,会导致胎衣部分或者全部滞留在子宫和产道内,这种现象叫作胎衣不下。各种动物都可能发生胎衣不下,但是牛发生的概率是最高的。其中,奶牛的胎衣不下发生率一般在10%左右,个别生产管理和技术条件不太好的牛场可以高达40%。

判断是否为胎衣不下主要是根据其胎衣排出的时间。如果动物排出胎衣的时间太长，猪：超过 1 h，牛：超过 12 h，马：超过 1.0~1.5 h，羊：超过 4 h，则可以判断为胎衣不下。临床检查可见部分胎衣脱垂于阴门之外，或全部滞留在子宫内这两种情况，病畜频频努责。病初一般无全身症状，但是时间过久，因为胎衣在子宫内开始腐烂，则从阴门流出污浊恶臭液体以及胎衣组织碎块。严重时，病畜体温升高，脉搏加快，食欲减退，泌乳量减少或者停止，如不及时治疗，常伴发子宫内膜炎，或引起败血症。

引起胎衣不下的原因很多，主要和产后子宫收缩无力及胎盘未成熟或老化、充血、水肿、炎症反应等因素有关。妊娠期间营养水平低，特别是饲料中缺乏钙、磷、硒等矿物质和维生素 A、D、E，或干奶期营养过剩或不足而使家畜过胖或过瘦，这些情况容易引起胎衣不下的发生。胎盘发生炎症（妊娠期间胎盘受到机体某病灶部位的细菌感染）从而使结缔组织增生，胎儿胎盘和母体发生粘连，不易分离，比如：布氏杆菌病、慢性子宫内膜炎、卵巢囊肿。胎儿过多、单胎家畜怀双胎、胎儿过大及胎水过多、使子宫过度扩张都容易继发产后阵缩微弱，流产、早产、难产、子宫捻转则会造成子宫收缩乏力，这些情况极易引起胎衣不下发生。猪和马的胎盘为上皮绒毛膜型胎盘，牛、羊的胎盘为子叶型胎盘，猪和马的胎儿胎盘与母体胎盘联系不如牛、羊的牢固，所以牛在分娩时，胎衣排出较慢，这也是胎衣不下多见于牛、羊的原因。

胎衣不下的治疗方法主要有两种：

（1）药物治疗：在初期可向子宫内灌注抗菌药物，如金霉素、土霉素、四环素、呋喃西林等，防止胎衣腐烂；可以先注射己烯雌酚，1 h 后再注射催产素，促进子宫收缩，加速胎衣排出；还可以向子宫内注入 5%~10% 的氯化钠溶液，促进胎儿胎盘缩小，便于从母体胎盘上脱落下来，同时刺激子宫收缩，需要注意的是浓盐水必须在处理后及时排出。

（2）手术剥离：药物治疗效果不佳的，应尽快采用手术法将胎衣剥离掉。如果时间延误过久，母畜子宫颈口开始收缩，兽医人员的手臂无法通过，增加了操作难度，并且容易引起胎衣腐烂造成子宫感染。若母牛超过 24 h，母马超过 2 h，则需立即进行手术剥离。

母牛手术剥离时，先将母牛站立保定好，将尾巴保定在一侧，清洗干净外阴和后躯，再用 1% 来苏尔或 0.1% 高锰酸钾溶液消毒外阴部以及露出阴门的胎衣。剥离前 1~2 h，可以先向子宫内注入 1~2 L 的 10% NaCl 溶液。兽医操作人员戴上长臂手套，消毒，涂抹润滑剂，左手抓住外面的胎衣部分，右手伸入产道，从胎儿胎衣与子宫黏膜之间插入子宫；如果胎衣完全滞留在子宫内，应将手伸入子宫，仔细摸索，寻找绒毛膜与子宫黏膜之间的空隙，将胎衣抓紧并拉出体外，用左手抓住。然后，操作人员用食指和中指夹住子叶，用拇指推压胎盘，将胎儿胎盘与母体胎盘分离开来。剥离时必须由近及远逐个剥离，而且将近处上下左右周围的胎盘剥离下之后,再向前移。剥离子宫角尖端的胎盘比较困难,这时候可以轻拉胎衣,再将手伸向前下方迅速抓住尚未脱离的胎盘,即可顺利地剥离。在剥离时,切勿用力牵拉子叶,否则会将子叶拉断,造成子宫壁损伤,引起出血,而危及母牛安全。剥完胎衣后,用0.1%高锰酸钾溶液或其他刺激性小的消毒液注入子宫冲洗,待全部溶液排出后,再向子宫内注入抗菌药物或磺胺类药物,以防子宫感染。

剥离胎衣时应做到快(5~20 min 内完成),净(剥离时应无菌操作,彻底剥净),轻(动作要轻,不可粗暴),严禁损伤子宫内膜,对患急性子宫内膜炎和体温升高的病畜,不可进行手术剥离。

实习⑥

母兔超数排卵及胚胎操作基本技术

【案例及问题】

案例：

胚胎移植(embryo transfer,ET)是指将遗传品质优良的母畜经超数排卵处理,发情后配种或人工授精,将其早期胚胎(体内产生的胚龄为3~8 d的胚胎)取出,或者是由体外受精及其他方式获得的早期胚胎(体外生产的胚胎,一般为桑葚胚或囊胚),经过检查处理,移植到生理状态相同的同属同种或同属不同种的母畜生殖道内,使胚胎继续发育直至产仔的技术。

胚胎移植是1890年由英国学者Walter Heape用家兔试验成功的,自此已有一百多年的研究历史。20世纪30年代以后,胚胎移植的研究越来越多,多种家畜相继获得成功:绵羊(1934年),山羊(1949年),猪和牛(1951年),马(1974年)。1975年1月在美国科罗拉多州召开了第一届国际胚胎移植学会成立大会,标志着胚胎移植技术进入新的更高的发展阶段。迄今为止,世界上通过胚胎移植获得后代的哺乳动物有20余种。我国自1973年家兔胚胎移植成功后,在牛、猪、山羊、绵羊、马、骡、水牛、猫和小鼠等哺乳动物上都取得了成功。

问题：

(1)胚胎移植技术有哪些重要的生产意义?

(2)胚胎移植的原理是什么? 其技术流程有哪些?

(3)胚胎移植必须满足哪些条件和原则?

【实习目的】

通过本次实习,掌握雌性动物发情周期的调控机理、同期发情与超数排卵的基本原理、雌性动物阴道涂片技术和抽取法采卵技术,为今后胚胎生物技术的学习奠定基础。

【实习流程】

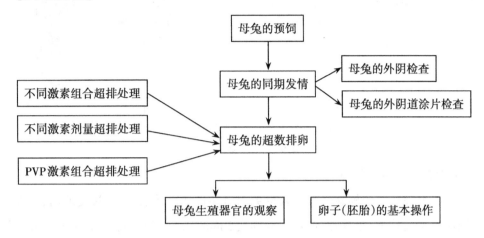

【实习内容】

一、母兔的预饲

购买健康体况良好的成年能繁母兔,进行5~7 d的预备饲喂,并进行空孕检查,如果已经妊娠,则不能用于试验。

二、母兔的同期发情

1.母兔的激素处理

用75%酒精对母兔大腿后侧进行消毒,再肌内注射氯前列醇钠,注射剂量为0.02 mg/只。

2.母兔的发情鉴定

氯前列醇钠注射24 h后,开始检查母兔发情情况。每隔8 h观察1次,记录母兔的外部发情表现情况(图6-1)。

发情母兔兴奋不安,在笼中跳跃跑动,常常用足掌拍打笼底板,发出声响以示求偶,爬跨同笼其他母兔,也接受试情公兔的爬跨。发情初期,母兔阴门粉红色,肿胀湿润;发情中期阴门黏膜颜色鲜红,极度肿胀湿润;发情后期,阴门黏膜变黑紫色,肿胀逐渐消退,变得干燥。母兔发情一般持续3~5 d。

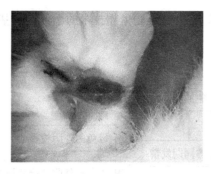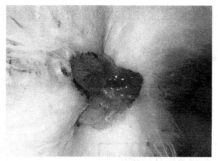

A   B

A.未发情母兔外阴   B.发情母兔外阴

图6-1   母兔外阴观察

3.母兔的阴道涂片检查

用蘸有生理盐水的棉签轻轻插入母兔阴道并且缓慢转动,然后慢慢取出,将棉签上的黏液涂在载玻片上,干燥片刻,用甲醇固定5 min,用1:1的吉姆萨液染色15 min,然后冲洗,干燥,镜检。也可以用瑞氏染液染色2 min,加等量水静置10 min,随后冲洗、镜检。

三、母兔的超数排卵

1.超数排卵方案的制定

将学生分成5人左右小组,以小组为单位,在试验前,查阅相关文献,根据实验室提供的备选激素和药品,制订母兔超数排卵方案。实验室能够提供的激素(图6-2)和药品有:FSH、LH、PMSG、HCG、PVP(聚乙烯吡咯烷酮)。

图6-2   常用生殖激素

2.母兔的激素处理

选择同期发情的发情母兔(阴门潮湿呈粉红色),按照制定好的超数排卵方案进行相应的激素/药品注射处理。

3.合笼配种

在注射促排卵激素HCG或LH后,公母兔合笼,并人工辅助交配,确认交配成功后,抓住母兔背部将其翻转过来,轻轻拍打母兔臀部,防止精液倒流并让母兔与公兔合笼过夜。

4.母兔的解剖

(1)麻醉:按照每千克体重0.1~0.2 mL的剂量,对母兔肌内注射速眠新,进行麻醉。

(2)保定:将麻醉后的母兔仰卧保定在手术台上,固定好四肢,再次检查母兔麻醉状态。

(3)消毒:用毛剪将母兔下腹部兔毛剪去,小心保护乳头,再用碘酊和75%酒精消毒手术部位。

(4)手术:在手术部位盖上无菌创巾,用手术刀沿腹中线切开母兔皮肤层、肌肉层、腹膜,暴露母兔的子宫。

四、母兔生殖器官的观察

暴露母兔的子宫(6-3),再沿着子宫角找到卵巢,然后观察母兔子宫变化(质地、颜色、大小)、卵巢变化(大小、颜色、排卵点、可见未成熟卵泡数等),并做好试验记录。观察过程中注意喷洒生理盐水保持母兔生殖器官的湿润。

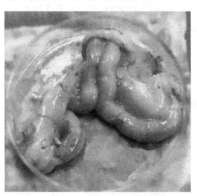

图6-3　母兔的双子宫

五、卵子(胚胎)的基本操作

1.玻璃捡卵针的制作

将玻璃长管用砂轮截成长18 cm左右的短管,点燃酒精喷灯,待火焰达到高温时,把玻璃短管中间部分放置在火焰中灼烧,看到玻璃开始发红变软,然后快速地向两头拉开,冷却后,把中间多余的拉长的部分截掉,从而制作成玻璃捡卵针。捡卵针拉好后,放置在烧杯中,用强酸浸泡处理一周,再取出用清水冲洗、双蒸水冲洗,然后高温150 ℃烘烤2 h以上,冷却后备用。

2.手术法冲卵(胚)

(1)输卵管冲卵(胚):将卵巢和输卵管牵引暴露在创口外,取一段塑料管从输卵管伞端插入输卵管内0.5~1.0 cm深,用拇指和食指固定住塑料管;另一个操作者用10 mL注射器吸取10 mL左右冲卵液(CCM),从子宫角末端插入输卵管内,并用拇指和食指固定住针头(图6-4A)。操作者将注射器中的CCM推入输卵管内,用培养皿收集输卵管伞端塑料管流出的CCM。

(2)子宫冲胚:如果胚胎已进入子宫,则采用子宫角冲胚(图6-4B)。从子宫角上端注入冲卵液,在子宫基部接取冲洗后的CCM。

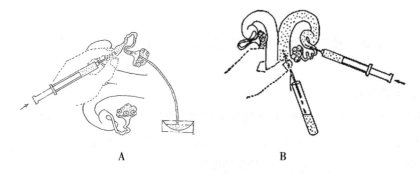

A.输卵管冲卵(胚) B.子宫角冲胚
图6-4 手术法冲卵示意图(引自郑鸿培,《动物繁殖学》,2005)

3.抽取法采卵

将母兔的卵巢取下,放入温热生理盐水中,再用10 mL注射器吸取2~4 mL CCM,用12号针头穿刺抽取母兔卵巢上未排卵卵泡中的卵母细胞,然后将抽出的液体一起注入培养皿中(图6-5)。

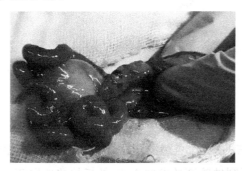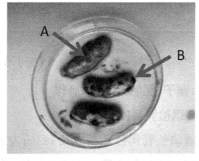

A.卵泡 B.红体(排卵点)
图6-5 超排处理后的母兔卵巢

4.卵母细胞的收集与观察

将手术法冲卵(胚)和抽取法采卵获得的CCM分别放置在体视显微镜下,用玻璃管自制的捡卵针将卵母细胞(胚胎)捡出放入干净的CCM培养皿中,并对卵母细胞(胚胎)进行观察和计数。

【注意事项】

(1)实习时,母兔饲养期间要保持兔舍的安静干燥,每天定时打扫清洁兔笼和圈舍,不饲喂过期霉变的饲料和青草,保持每天的清洁饮水。

(2)本实习部分内容需要学生自主设计,因此教师应提前布置任务,要求学生查阅文献制订试验方案,再经过讨论确定每个班级的具体实习实施方案。

(3)制作母兔的阴道涂片时,动作要轻柔,切记不能损伤母兔的生殖器官。

(4)对母兔进行麻醉时,在注射麻醉药后,要等待几分钟再检查母兔的麻醉状况。切不可注射麻醉药后马上检查,有时会误以为母兔麻醉不足,就急忙补充注射麻醉药,从而导致麻醉药过量使用。

(5)母兔手术过程中操作者要注意自身的安全,严禁不按照操作规程进行手术,造成人员受伤感染。

(6)输卵管冲卵时,注意注射器针头不能刺穿输卵管,导致试验失败无法冲出卵子(胚胎)。

【实习评价】

(1)本实习耗时较长,故要求学生能够分工合作,在实习期间正确饲养实验母兔,保证母兔的健康,顺利完成整个试验过程。

(2)学生能够以小组的方式完成试验方案的设计,在教师的指导下完成实习的实践操作,准确记录试验数据,分析统计试验数据,撰写完成实习报告,并能够对试验现象结果综合分析,充分理解动物生殖激素的应用原理和动物发情排卵的基本原理。

(3)学生在对母兔的同期发情和超数排卵以及后续的卵母细胞基本操作实习过程中,培养科学研究的求实严谨作风,强化胚胎生物技术的实践能力,提高解决问题、分析问题的综合判断能力,从而具备一定的科研能力和思维。

(4)通过教师测评(80%)和学生自评(20%)的方式得出最终的实习测评成绩。

(5)教师测评成绩包括实习操作能力(20%)、实习完成程度(20%)和实习报告(60%)。

(6)学生自评成绩包括班级出勤考核(60%)、自我完成效果评测(20%)、自我专业素养和创新能力自评(20%)。

【实习拓展】

1.相关研究文献

(1)幸宏超.奶山羊性控冷冻精液人工授精及胚胎移植效果的研究[D].杨凌:西北农林科技大学,2018.

(2)Bruyere P, Baudot A, Joly T, et al. A chemically defined medium for rabbit embryo cryopreservation[J]. PLoS One. 2013, 8(8).

(3)Assadollahi V, Hassanzadeh K, Abdi M, et al. Effect of embryo cryopreservation on derivation efficiency, pluripotency, and differentiation capacity of mouse embryonic stem cells [J]. Journal of Cellular Physiology. 2019,234(12).

(4)Crockin SL, Gottschalk KC. Legal issues in gamete and embryo cryopreservation: An overview[J]. Semin Reprod Med. 2018, 36(5).

(5)Rienzi LF, Iussig B, Dovere L, et al. Perspectives in gamete and embryo cryopreservation[J]. Semin Reprod Med. 2018, 36(5).

(6)Amstislavsky S, Brusentsev E, Kizilova E, et al. Embryo cryopreservation and *in vitro* culture of preimplantation embryos in Campbell's hamster (*Phodopus campbelli*)[J]. Theriogenology. 2015, 83(6).

2.知识扩展

阴道涂片

小鼠是常用的实验动物,雌鼠广泛应用于生殖系统研究的相关实验中,快速而准确地判断雌鼠的动情周期是实验的关键步骤。阴道涂片检查可以简便快捷地计算雌鼠的动情周期,是目前最常用的判定小鼠性周期的方法。

(1)固定:操作者用拇指、食指和中指握住小鼠耳朵和颈背部皮肤,用小指按住小鼠尾巴,暴露小鼠阴门朝上。

(2)涂片有棉签法和冲洗法两种。具体操作如下。

棉签法:用剪刀先将牙签顶端尖锐处剪去,再取少量脱脂棉,层层缠绕于牙签顶端。然后用生理盐水浸湿牙签棉花处,慢慢插入雌鼠阴道约5 mm,轻轻顺牙签缠绕方向旋转1周后取出,再顺牙签缠绕方向在清洁载玻片上滚动1周。自然干燥。

冲洗法:用10 μL移液枪吸取10 μL生理盐水,再将枪头插入雌鼠阴道约5 mm,吹吸2~3次,然后吸出生理盐水,滴至载玻片,均匀铺开,最后自然干燥。

(3)固定:在干燥后的玻片上,滴几滴甲醇,待甲醇自然挥发。

（4）染色：取瑞氏染液数滴覆盖涂片位置，静置2~3 min，再加1.5倍的磷酸盐缓冲液，与染液混匀，保持10 min，然后用水龙头流水冲洗染液，冲洗时应将玻片平放，缓缓加水，切勿先倾去染料，否则涂片易残留染料沉淀物。

（5）性周期判断：将阴道涂片放置在显微镜下观察，从而判断雌鼠的性周期阶段（图6-6）。

动情前期：涂片中大部分细胞为有核上皮细胞。

动情期：涂片中有大量大而角质化无核细胞，有少量上皮细胞。

动情后期：涂片中角质化无核细胞、白细胞、有核上皮细胞均有。

间情期：涂片中有大量白细胞和少量上皮细胞，有部分黏膜。

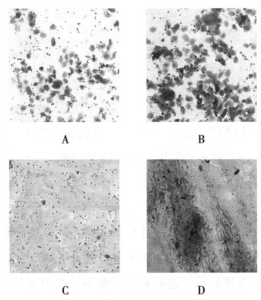

A

B

C

D

A.动情前期　B.动情期　C.动情后期　D.间情期

图6-6　小鼠动情周期阴道涂片

实习7

动物体外受精技术

【案例及问题】

案例:

哺乳动物胚胎工程是现代生物工程技术的重要组成部分,包括:胚胎移植、胚胎分割、胚胎和配子冷冻保存、体外受精、核移植、胚胎干细胞、性别鉴定、转基因动物等。体外受精技术开始于19世纪70年代,发展至今,对现代畜牧生产、人类辅助生殖医学和其他生物技术研究起到了重要的推动作用。哺乳动物的体外受精技术主要包括3个部分:卵母细胞体外成熟(*in vitro* maturation,IVM)、卵母细胞体外受精(*in vitro* fertilization,IVF)和胚胎的体外培养(*in vitro* culture,IVC)。

最早的体外受精试验是1878年德国科学家Schenk在家兔和豚鼠上进行的。但是推动体外受精技术快速发展的事件是1951年张明觉和Austin发现哺乳动物获能现象。1954年张明觉利用获能处理的精子进行卵母细胞体外受精试验成功,并且在1959年获得了世界首例体外受精哺乳动物(兔)。此后体外受精在各种动物上试验成功:山羊(1959年)、绵羊(1961年)、仓鼠(1963年)、猫(1970年)、大鼠(1974年)、牛(1974年)、狗(1976年)、猕猴(1982年)、恒河猴(1983年)等;并有试管后代诞生:大鼠(1974年)、牛(1982年)、恒河猴和猕猴(1984年)、山羊(1985年)、猪(1986年)、绵羊(1986年)等。其中1978年7月在英国诞生了世界第一个体外受精婴儿Louise Brown,并被称为试管婴儿,这是人类辅助生殖医学的重大突破和进步。

问题:

(1)精子获能的基本原理是什么?

(2)有哪些机制可以防止卵母细胞在受精过程中出现多精子授精现象?

(3)为什么体外受精婴儿被称为试管婴儿?

【实习目的】

本实习的主要内容包含了动物胚胎生物技术的基础操作和基本理论,学生通过本实习可以更好地理解动物生殖生理的基本知识,熟悉相关基本技能(卵母细胞的体外成熟、体外受精、早期胚胎的体外培养等),能更好地理解现代胚胎生物技术的发展与前景,为以后的研究学习奠定坚实的基础。

【实习流程】

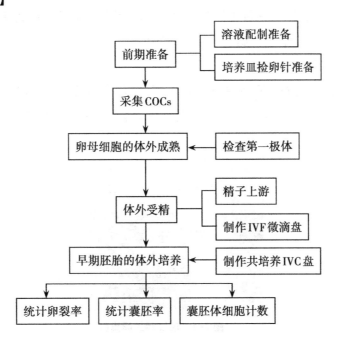

【实习内容】

一、试剂溶液的配制

1.冲卵液(CCM)

TCM-199液中添加5% 胎牛血清(FBS)和20 mmol/L Hepes,pH调整为7.2~7.4,再用20 μm过滤器过滤,分装密封后4 ℃保存。

2.成熟液(M)

TCM-199液中添加10% FBS、50 μmol/L 半胱氨酸、10 μg/mL FSH、12 μg/mL LH、30 mg/L青霉素、50 mg/L链霉素,pH调整为7.2~7.4,再用20 μm过滤器过滤,分装密封后4 ℃保存。

3.胚胎培养液(CM)

TCM-199液中添加10% FBS,再用20 μm过滤器过滤,分装密封后4 ℃保存。

4.受精液(F)

TALP基础液添加0.6%的BSA、50 mg/L肝素、2.5 mmol/L咖啡因,再用20 μm过滤器过滤,分装密封后4 ℃保存。

5.4%多聚甲醛溶液(4% PFA)

称量4g PFA溶解在100 mL PBS溶液中。

二、卵母细胞的采集

1.卵巢的收集

屠宰场宰杀母牛时,在母牛倒挂开膛后,快速地取下卵巢,放入装有生理盐水(35 ℃,添加有青霉素、链霉素)的保温瓶中,送回实验室。

2.卵巢的清洗

在实验室,先用75%酒精在烧杯中快速清洗消毒卵巢,接着用37 ℃生理盐水将卵巢彻底清洗2~3遍,剪去牛卵巢周围系膜等组织,随后将卵巢放到37 ℃左右的生理盐水中(图7-1)。

图7-1　清洗后的卵巢(牛)

3.CCM的平衡预热

提前半个小时,将CCM液放入玻璃培养皿中,放置在细胞恒温培养箱(38 ℃,5%CO_2,100%湿度)中预热平衡(图7-2)。

图7-2　培养箱中预热平衡CCM

4.抽卵

将卵巢置于干净且经高压灭菌的纱布上,用带12号针头的10 mL注射器抽取,选择抽取卵巢表面2~8 mm的卵泡(图7-3),抽取的卵泡液置于直径60 mm的培养皿中。

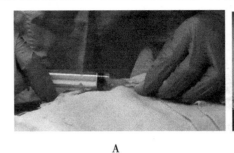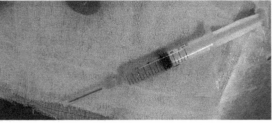

A   B

图7-3 抽卵

5.捡卵

在体视显微镜下使用自制玻璃捡卵针将卵丘 – 卵母细胞复合体(cumulus oocyte complexes,COCs)捡出(图7-4),放进CCM中洗2~3遍。

图7-4 体视显微镜下捡卵

三、卵母细胞的体外成熟(IVM)

1.挑选COCs

挑选具有完整卵丘细胞、胞质均匀卵母细胞的COCs,放入M液中清洗1次。

2.聚拢

将挑选好并经过M液清洗后的COCs放入M液中,轻轻摇动,将COCs聚拢在小培养皿中间,或者用捡卵针将其聚拢在小皿的一角。

3.成熟

小皿一般放入1.5 mL M液,每个小皿一般放置100个左右COCs。在细胞培养箱(38 ℃,5% CO_2,饱和湿度)中成熟培养22~24 h(图7-5)。

图7-5 将COCs聚拢体外成熟

4.卵母细胞成熟的检查

用加样器反复吹打成熟后的COCs,将卵丘细胞吹打掉,裸露出成熟的卵母细胞。如果卵丘细胞不易脱落,可以用0.1%透明质酸酶让卵丘细胞脱落干净。在体视显微镜下用捡卵针滚动卵母细胞,检查第一极体的排出情况,并做好数据记录。排出第一极体的初步判断为核成熟的卵母细胞(图7-6)。

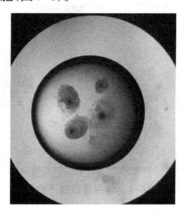

图7-6 体外成熟后COCs(卵丘扩展)

四、胚胎体外培养盘(IVC盘)的制作

1.获取卵丘细胞

用加样器反复吹打成熟后的COCs,将卵丘细胞吹打掉,将裸露出的卵母细胞捡出。再用捡卵针将液体中的大片段碎屑和杂质等吸出,留下干净的卵丘细胞。

2.制作共培养微滴

将卵丘细胞用M液调整成浓度为$1 \times 10^6 \sim 2 \times 10^6$个/mL的细胞悬液,在60 mm塑料培养皿上制作成20 μL的微滴(图7-7),然后覆盖石蜡油。将培养皿放置在细胞培养箱(38 ℃,5% CO_2,饱和湿度)中24 h。

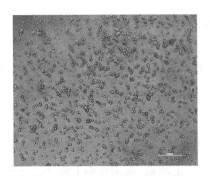

图 7-7　用卵丘细胞悬液做的微滴

3.滋养层细胞的吹洗

取出培养皿,用自制捡卵针,在体视显微镜下反复吹微滴中的滋养层细胞,将死亡漂浮的细胞吹散,然后吸出微滴液体,用平衡好的CM液吹洗2遍滋养层细胞,补充20 μL的CM液。

4.滋养层细胞的生长

待卵丘细胞完全贴壁、生长均匀并密布后(图7-8),滋养层微滴可以进行使用,IVC盘制作好待用。

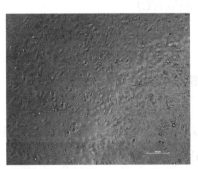

图 7-8　卵丘细胞贴壁密集生长

五、卵母细胞的体外受精(IVF)

1.IVF微滴盘的制作

用F液在60 mm塑料培养皿上制作成20 μL的微滴,然后覆盖石蜡油。将培养皿放置在细胞培养箱(38 ℃,5% CO_2,饱和湿度)中平衡1 h。

2.精子上游液的平衡

取F液1 mL于玻璃离心管,放置在烧杯中,在细胞培养箱(38 ℃,5% CO_2,饱和湿度)中平衡1 h。

3.解冻精液

液氮罐中取保存的牛细管冷冻精液,38 ℃温水中解冻5~10 s,取少量精液检查精子活力,活力在0.3以上的精液可以继续使用。

4.精子上游

将精液轻轻放入平衡好的F液试管的底部,试管最好倾斜45°放置在烧杯中,再放入细胞培养箱(38 ℃,5% CO_2,饱和湿度)中,让精子上游30 min。

5.筛选高活力精子

精子上游后,取试管中上清液部分(含有高活力精子),放入预温的离心管中,封口胶封住,1 500 r/min离心5 min,去上清液,保留少量F液,然后轻轻悬浮精子。

6.筛选卵子

用加样器反复吹打成熟后的COCs,将卵丘细胞吹打掉,将裸露出的卵母细胞捡出,然后在预平衡好的F液中清洗2遍,再挑选出形态正常、卵胞质均匀且排出第一极体的卵母细胞置于IVF微滴盘中,每个微滴中一般15~20个卵母细胞。

7.精卵共孵育

将精子悬液加入IVF微滴中,调整精子浓度为$1×10^6$~$2×10^6$个/mL,然后将IVF微滴盘放入细胞培养箱(38 ℃,5% CO_2,饱和湿度)孵育20~24 h。

六、牛早期胚胎的体外培养(IVC)

1.受精卵的清洗

将共孵育好的受精卵从IVF微滴盘中取出,放入预热平衡好的CM液小皿中,用加样器反复轻轻吹打,将多余的精子清洗掉。

2.受精卵的转盘

将清洗干净的受精卵过CM液2遍,转入IVC盘滋养层共培养微滴中(图7-9)。一般每个微滴转入15~20个受精卵。

图7-9　微滴和四孔板培养胚胎

3.早期胚胎的培养

将IVC盘置于细胞培养箱中(38 ℃,5% CO_2,饱和湿度),24 h后统计2细胞卵裂率,第

7~8 d统计囊胚率(图7-10)。

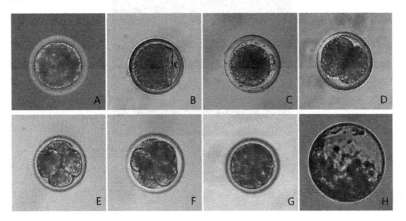

A.GV期卵母细胞　B.MⅡ期卵母细胞(1个极体)　C.受精卵(2个极体)
D.2-cell胚胎　E.4-cell胚胎　F.8-cell胚胎　G.桑葚胚　H.囊胚
图7-10　卵母细胞、受精卵和早期胚胎(牛)

七、囊胚体细胞计数

1.囊胚清洗

将囊胚从IVC盘中挑选出来,用PBS液清洗3遍。

2.固定

将囊胚放入4%的多聚甲醛溶液(PFA)中固定5~10 min。

3.染色

将囊胚在PBS液中清洗3遍,放入10 μg/L Hoechst 33342染液中,室温避光孵育10 min。

4.压片

将染色后的囊胚用PBS液清洗3遍。在载玻片上滴上一滴抗淬灭剂,用捡卵针将2~3枚囊胚(少带液体)放入抗淬灭剂中,然后用盖玻片压片。压片时,要求用力均匀,尽量不要将囊胚压破。压片过程保证避光操作。

5.观察

做好染色片后,用荧光显微镜观察蓝色荧光,同时曝光拍照。

6.计数

将囊胚的荧光图片,在计算机中用ImageJ软件计数体细胞数量(图7-11),并做好相关记录。

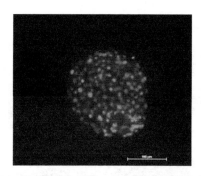

图 7-11　牛囊胚 Hoechst 33342 染色后体细胞计数

【注意事项】

（1）防止污染。由于卵母细胞和胚胎对外界非常敏感，操作和培养环境对其影响巨大，从屠宰场取回卵巢开始，后续的所有操作均需要保证无菌，操作人员需要戴口罩和手套，防止各种污染。

（2）做好详细的实验记录。对卵母细胞和胚胎的各种操作，需要细致、严谨的态度，不忽略操作的每个细节，认真记录好每一步的实验数据。

（3）培养卵母细胞和胚胎的各种培养液，平时分装后保存在 4 ℃冰箱内，每次拿出准备液体，在使用前均需要提前在细胞培养箱中平衡。

【实习评价】

（1）学生能够对动物胚胎生物技术有基本的了解，对卵母细胞与胚胎发育基本理论有一定的理解，能更好地理解动物繁殖现象。

（2）学生通过本实习能较为熟练地掌握动物胚胎生物技术的相关基本操作技能，为今后进一步的学习研究奠定基础。

（3）通过教师测评（80%）和学生自评（20%）的方式得出最终的实习测评成绩。

（4）教师测评成绩包括实习操作能力（40%）和实习报告（60%）。

（5）学生自评成绩包括班级出勤考核（60%）、自我完成效果评测（20%）、自我专业素养和创新能力自评（20%）。

【实习拓展】

1.相关研究文献

（1）张纬.牛体外受精及显微注射的研究[D].呼和浩特:内蒙古农业大学,2016.

（2）张华智,王彩玲,李孟琪,等.叶酸对猪卵母细胞体外成熟的影响[J].中国兽医学报.2016,36(4).

（3）Jeena LM, Kumar D, Rahangdale S, et al. Effect of cumulus cells of cumulus-oocyte complexes on *in vitro* maturation, embryonic developmental and expression pattern of apoptotic genes after *in vitro* fertilization in water buffalo (*Bubalus bubalis*)[J]. Animal Biotechnology. 2020,31(2).

（4）An QL, Peng W, Cheng YY, et al. Melatonin supplementation during *in vitro* maturation of oocyte enhances subsequent development of bovine cloned embryos[J]. Journal of Cellular Physiology. 2019, 234(10).

（5）Del Collado M, Da Silveira JC, Oliveira MLF, et al. *In vitro* maturation impacts cumulus-oocyte complex metabolism and stress in cattle[J]. Reproduction(Cambridge, England). 2017, 154(6).

（6）Schulz KN, Harrison MM. Mechanisms regulating zygotic genome activation[J]. Nature Reviews (Genetics). 2018, 20(4).

2.知识拓展

哺乳动物体细胞核移植

体细胞核移植(somatic cell nuclear transfer, SCNT)是指通过显微操作和细胞融合的方法,将动物体细胞的核直接注入去核卵母细胞中,构成重构胚,再通过激活,使细胞启动发育重编程,开始类似受精卵的细胞分裂、分化,并在母体内发育成一个新的动物个体。通常所说的克隆动物是指通过体细胞核移植技术生产的动物个体。哺乳动物体细胞核移植的第一次突破是1996年英国Wilmut利用绵羊的乳腺上皮细胞作为供体细胞得到了世界首例体细胞克隆动物——Dolly,从而改写了经典的发育生物学理论。在随后的十年中,动物克隆技术得到了快速的发展,多种体细胞克隆动物诞生:小鼠(1998年)、牛(1998年)、山羊(1999年)、猪(2000年)、猫(2002年)、兔(2003年)、马(2003年)、大鼠(2003年)、水牛(2005年)等。

经典的体细胞核移植技术操作包括受体细胞去核、核供体细胞注射、重构胚融合激活、重构胚的体外培养等过程。经典的操作程序大多数均是在显微操作仪的基础上完成的。克隆选择的供体细胞类型很多,目前获得成功的有:卵丘细胞、胎儿成纤维细胞、成体成纤维细胞、输卵管上皮细胞、肝脏细胞、淋巴细胞、乳腺上皮细胞等。受体卵母细胞去核的方法有盲吸法、纺锤体观察系统(Spindle-View偏振光系统)辅助法、末期去核法等。将供体细胞核注射入去核受体卵母细胞时,可以注射到透明带下或进行胞质内注射。重构胚的融合和激活常采用的方法有电激活、化学激活,通常采用这两种方法联合激活效率更高。重构胚的体外培养可以使用微滴法、共培养体系等,培养液有TCM-199、KSOM液、SOF、NSCU-23等,同时添加胎牛血清或新生牛血清来满足早期胚胎发育的需求。当重构胚发育到一定时间后,检测胚胎的质量,然后进行胚胎移植,让胚胎在母体子宫内继续发育成新个体。

体细胞核移植技术发展至今,试验器材、技术方法、克隆效率得到了很大的提高,并且此技术已经在很多研究领域中成为一种基本的研究技术手段,如发育生物学研究、动物模型研究、转基因动物的研究、干细胞的研究、人类医学等多个生物技术领域。

动物繁殖力统计

【案例及问题】

案例：

某大型企业拥有荷斯坦奶牛和娟姗牛两个牧场,荷斯坦奶牛牧场经产奶牛舍,在夏季进行转群后进行了口蹄疫疫苗接种和结核病检测,随后因老鼠咬断电线偶然断电2天,奶牛在人工授精后的情期受胎率由55%降低到35%左右,而娟姗牛牧场青年奶牛的情期受胎率稳定在80%左右。

问题：

(1)影响该企业荷斯坦奶牛场情期受胎率的因素有哪些?

(2)如何提高该企业奶牛繁殖的效率?

【实习目的】

通过对家畜繁殖力的统计,学生应了解奶牛场、肉牛场、种猪场、种羊场或种兔场等的繁殖效率问题,思考提高家畜繁殖力的措施,加深对提高动物繁殖效率重要性的认识,同时掌握统计方法在繁殖力统计上的应用。

【实习流程】

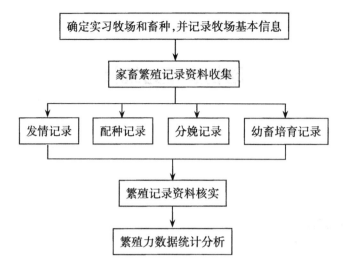

【实习内容】

一、家畜繁殖记录资料收集

收集种畜繁殖场或规模化家畜繁殖场与种畜繁殖有关的记录如发情、配种、妊娠诊断、分娩、流产、幼畜出生和培育等,并了解养殖场畜群结构。

二、家畜繁殖资料核实

对收集的种畜繁殖记录资料进行核实,将上述收集的资料录入 Excel 表格,进行数据的排序,确定数据记录的准确性和真实性,找出异常的数据,尤其是小数点位置错误记录。对于某母畜产仔或产犊间隔超过几个妊娠期的,则要询问饲养管理人员,核对编号,看是否属于繁殖异常,如屡配不孕或长期不发情等情况。

三、家畜繁殖资料统计分析

根据以上资料,对核对后的繁殖力相关数据进行统计分析。常规家畜繁殖力统计分析的项目包括母畜受配率、母畜受胎率(总受胎率、情期受胎率、第一情期受胎率和不返情率)、母畜分娩率、母畜产仔率、仔畜成活率和母畜繁殖成活率等。

1.母畜受配率统计

母畜受配率,指在本年度内参加配种母畜数在畜群内适繁母畜总数中的占比,该指标主要反映畜群内适繁母畜的发情和配种情况。

$$受配率\% = \frac{配种母畜数}{适繁母畜数} \times 100\%$$

2.母畜受胎率统计

母畜受胎率,指在本年度内配种后妊娠母畜数在参加配种母畜总数中的占比,该指标在生产中可全面反映畜群的配种质量,受胎率统计又分为总受胎率、情期受胎率、第一情期受胎率和不返情率。

总受胎率,指在本年度内受胎母畜数在本年度内参加配种母畜总数中的占比,该指标反映了畜群中母畜受胎的比例。

$$总受胎率\% = \frac{受胎母畜数}{配种母畜数} \times 100\%$$

情期受胎率,指在一定期限内受胎母畜数在本期限内参加配种母畜的总发情周期数中的占比,该指标反映母畜发情周期的配种质量。

$$情期受胎率\% = \frac{受胎母畜数}{配种情期数} \times 100\%$$

第一情期受胎率,指在第一个情期配种后妊娠母畜数在配种母畜数中的占比,该指标反映第一情期配种的质量。

$$第一情期受胎率\% = \frac{第一情期受胎母畜数}{第一情期配种母畜数} \times 100\%$$

不返情率,指在一定期限内,配种后未再发情的母畜数在本期限内参加配种母畜数中的占比,分为30~60 d和90~120 d不返情率,30~60 d的不返情率一般高于实际受胎率7%左右。

$$不返情率\% = \frac{配种母畜数 - 配种后发情母畜数}{配种母畜数} \times 100\%$$

3.母畜分娩率和产仔率统计

母畜分娩率,指分娩母畜数在妊娠母畜数中的占比,该指标反映母畜维持妊娠的质量。

$$分娩率\% = \frac{分娩母畜数}{妊娠母畜数} \times 100\%$$

母畜产仔率,指分娩母畜的产仔数在妊娠母畜数中的占比,该指标反映母畜妊娠及产仔的质量。

$$产仔率\% = \frac{产出仔畜数}{妊娠母畜数} \times 100\%$$

单胎动物如牛、马、驴的妊娠期较长,一般每个雌性个体在一个自然年只生产一个幼崽,产仔率不会超过100%,所以单胎家畜的分娩率和产仔率是同一概念,因此,单胎家畜常用母畜分娩率、年繁殖率或产犊(驹)间隔来反映家畜繁殖力。而多胎和妊娠期较短的动物如猪、山羊和兔等,产仔率均会超过100%,多胎家畜所产出的仔畜数不能反映分娩母畜数,故多胎家畜会同时使用母畜分娩率和母畜产仔率来表示家畜繁殖力。多胎动物常用窝产仔数或窝产羔数表示,反映种群中每一雌性个体平均产生下一代的个体数,有时也用年产仔数或年产羔数表示,反映一个个体在单位时间内产生的仔畜个体数。

4.仔畜成活率统计

仔畜成活率,指断奶成活仔畜数在本年度产出仔畜数中的占比,该指标反映幼畜培育的质量。

$$仔畜成活率\% = \frac{成活仔畜数}{产出仔畜数} \times 100\%$$

5.母畜繁殖成活率统计

母畜繁殖成活率,指本年度内断奶成活仔畜数在本年度畜群适繁母畜数中的占比,该指标能够综合反映母畜受配率、受胎率、分娩率、产仔率和仔畜成活率。

$$繁殖成活率\% = \frac{断奶成活仔畜数}{适繁母畜数} \times 100\%$$

或者 繁殖成活率% = 受配率×受胎率×分娩率×产仔率×仔畜成活率×100%

【注意事项】

(1)在进行试验数据收集时,注意保存原始记录并对原始数据进行保密,不得将数据用于商业目的。

(2)在进行试验数据分析时,由于繁殖数据庞大,应注意对异常数据的调查和剔除工作,保证统计数据的可靠性和准确性。

【实习评价】

(1)学生能够以小组形式完成繁殖数据收集、筛选和统计分析工作。学生能够以小组的方式,通过分工协作,收集到养殖场较完整的家畜繁殖相关数据,通过统计方法对数据进行筛选和统计,得出养殖场家畜繁殖力水平。

(2)学生能够以实习报告(繁殖分析报告)的形式对养殖场家畜繁殖力水平进行综合分析和评价,针对存在的问题,提出提高家畜繁殖力的措施。

(3)学生在进行养殖场繁殖力统计过程中能够培养和展现较高的专业素养和创新能力。学生在进行繁殖力统计过程中能够表现出认真负责、团结协作、遵守纪律等较高的专业素养和一定的创新能力。

（4）通过教师测评（80%）和学生自评（20%）的方式得出最终的实习测评成绩。

（5）教师测评成绩包括课堂表现（40%）和实习报告（60%）。

（6）学生自评成绩包括班级出勤考核（60%）、自我完成效果评测（20%）、自我专业素养和创新能力自评（20%）。

【实习拓展】

1.相关研究文献

（1）路珍珍.奶牛散户养殖场塑料器具使用情况调查及塑化剂DEHP对雌性动物繁殖力不良影响的初步探究[D].杨凌：西北农林科技大学,2019.

（2）于垚垚,刘深贺,王力军,等.抑制素基因疫苗及其在提高单胎家畜繁殖力方面的研究进展[J].中国奶牛,2017(5).

（3）Van Schyndel SJ, Bauman CA, Pascottini OB, et al. Reproductive management practices on dairy farms: The Canadian National Dairy Study 2015[J]. Journal of Dairy Science, 2019, 102(2).

（4）Fodor I, Gábor G, Lang Z, et al. Relationship between reproductive management practices and fertility in primiparous and multiparous dairy cows[J].Canadian Journal of Veterinary Research, 2019, 83(3).

（5）Saint-Dizier M, Chastant-Maillard S. Potential of connected devices to optimize cattle reproduction[J]. Theriogenology, 2018, 112.

（6）Fodor I, Baumgartner W, Abonyi-Tóth Z, et al. Associations between management practices and major reproductive parameters of Holstein-Friesian replacement heifers[J]. Animal Reproduction Science, 2018, 188.

（7）Crowe MA, Hostens M, Opsomer G. Reproductive management in dairy cows-the future[J]. Irish Veterinary Journal, 2018, 71(1).

2.知识拓展

（1）案例1：

某肉牛场年初存栏2头种公牛,100头可繁母牛,在一月、二月和三月分别有80头、48头、22头母牛发情。假设受配率为100%,第一情期配种后妊娠的母牛有50头,第二情期配种后妊娠的母牛有20头,第三情期配种后妊娠的母牛有22头。本年度共生犊牛92头,其中死胎2头,断奶时共有78头活牛犊。

问题：

该肉牛场本年度内母牛发情率、受配率、受胎率、第一情期受胎率、第二情期受胎率、第三情期受胎率、配种指数、母牛分娩率、母牛产犊率、犊牛成活率、母牛繁殖成活率分别是多少？

(2)案例2：

某种猪场年初存栏2头种公猪，600头可繁母猪，在一月、二月和三月分别有500头、160头、58头母猪发情。假设受配率为100%，第一情期配种后妊娠的母猪有400头，第二情期配种后妊娠的母猪有140头，第三情期配种后妊娠的母猪有56头，妊娠后共生仔猪596窝，生仔猪6 556头，其中死胎120头，断奶时共有6 000头活仔猪。

问题：

该猪场母猪发情率、受配率、受胎率、第一情期受胎率、第二情期受胎率、第三情期受胎率、配种指数、母猪分娩率、母猪产仔率、仔猪成活率、母猪繁殖成活率分别是多少？